きほんを学ぶ
世界遺産 100

世界遺産検定3級公式テキスト

第4版

［監 修］NPO法人世界遺産アカデミー／［著作者］世界遺産検定事務局

SEKAKEN

100 World Heritage Sites for Test of
World Heritage Study official text Grade 3

本 書 の 使 い 方

　本書は、2024年11月時点の全世界遺産1,223件のうち日本の遺産25件と世界の遺産100件を取り上げています。第1章から第9章までの本文と巻末の地図ページで成り立っており、本文のページは、次のような構成になっています。

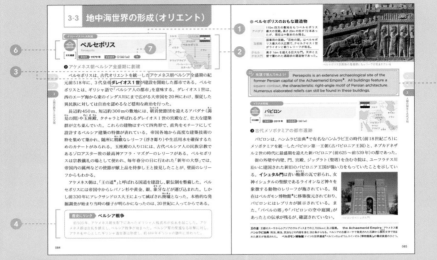

❶ 世界遺産の基本情報

世界遺産の名称（英語表記）、登録国名、登録年、登録基準の情報で構成されています。

❷ 世界遺産の地図

該当する世界遺産とその周辺の位置関係を示しています。世界遺産を保有する国の国旗が入っています。

❸ 世界遺産の重要語句

重要事項は、1ページの遺産は赤太字2つと黒太字1つ、半ページの遺産は赤太字1つと黒太字1つになっています。赤太字を中心とした重要語句の解説を検定HPに掲載しています。解説ページへは右のQRコードからアクセスできます。

❹ 「歴史にリンク」「地理にリンク」

歴史や地理、現代社会、生物などの学習内容と世界遺産との関連をまとめたもので、橋渡しの役割をしています。

❺ 英語で読んでみよう！

英語で遺産の特徴を説明しています。日本語訳は世界遺産検定公式ホームページ（www.sekaken.jp）内、公式教材「3級テキスト」のページに掲載してあります。

❻ 世界遺産の種類

次のようなアイコンがついていて、世界遺産の種別と危機遺産などを表しています。

| 文化遺産 | 自然遺産 | 複合遺産 |
| 危機遺産 | | 負の遺産 |

❼ 動画

公式YouTubeチャンネルに動画がアップされているものにはマークがついています。動画のページへは右のQRコードからアクセスできます。

世界遺産とは

　2024年11月時点で、世界には1,223件の世界遺産が存在します。『万里の長城』や『グランド・キャニオン国立公園』などの有名な遺産ばかりではなく、『グレート・ブルカン・カルドゥン山と周辺の聖なる景観』や『アルベロベッロのトゥルッリ』のように、日本ではあまり知られていない遺産も多くあります。また『広島平和記念碑（原爆ドーム）』のように、私たちがイメージする世界遺産とは異なるものもなかにはあるのです。

　世界遺産とは世界をみる窓であり、世界へと飛び出す扉です。

　歴史や自然環境だけでなく、文学や音楽、絵画、神話、建築、世界政治、平和問題、観光など、私たちが実際に触れているものだけが「世界」ではないのだと教えてくれます。

　また、世界には私たちが日常生活を送る社会とは異なる魅力をもつ、様々な文化や自然が溢れています。その多くが含まれる世界遺産を入り口に、別の分野に興味をもってもよいし、別の分野から興味をもって世界遺産に入ってきてもよいのです。

　世界遺産をテレビや本などで「みる」だけでなく「学ぶ」ことで初めて、うれしい驚きに出会うことができます。そしてその「うれしい驚き」が、私たちの「世界」をより多彩で心躍るものにします。

　世界遺産は過去のものでも遠い国のものでもなく、現在の私たちひとりひとりとつながりのある宝物です。そうした宝物の彩る世界との出会いが、世界遺産保全活動の環を広げ、ひいては私たちの暮らす日本の文化や歴史の価値の再発見につながることを希求しています。

『グレート・ブルカン・カルドゥン山と周辺の聖なる景観』

NPO法人 世界遺産アカデミー
世界遺産検定事務局

目 次

※本書における世界遺産の基礎情報は、おもにユネスコの世界遺産センター（https://whc.unesco.org）の資料を参考にしています。また遺産保有国名は、原則として外務省による表記に準拠しています。

ヨーロッパ ［Europe］

● 文化遺産　● 自然遺産　● 複合遺産
□ 複数の国にまたがる遺産

❶アルベロベッロのトゥルッリ

⓱ユングフラウ-アレッチュのスイス・アルプス

㉜モン・サン・ミシェルとその湾

世界 ヨーロッパと日本を除く ［World］

● 文化遺産　● 自然遺産　● 複合遺産
□ 複数の国にまたがる遺産

北アメリカ大陸

大西洋

南アメリカ大陸

120° 90° 60°

日本　[Japan]

● 文化遺産　● 自然遺産　● 複合遺産
□ 複数の都道府県、国にまたがる遺産

※ 2024年に登録された『佐渡島の金山』は下の地図に
は含まれません。

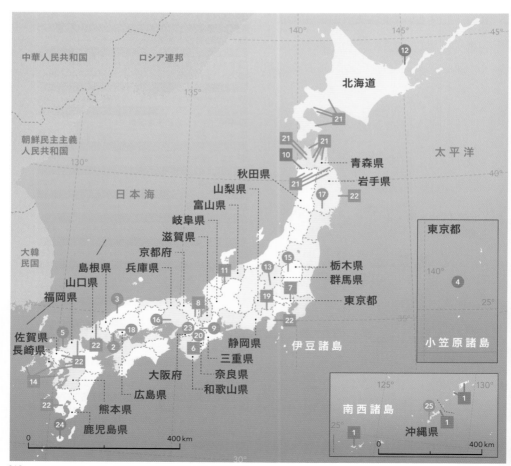

＊正式名称は『ル・コルビュジエの建築作品：近代建築運動への顕著な貢献』

世界遺産の基礎知識

. . .

世界遺産条約は、平和な世界を実現する手段
のひとつとして、ユネスコで採択された。

Photo :『ヌビアの遺跡群：アブ・シンベルからフィラエまで』（エジプト・アラブ共和国）、
アブ・シンベル神殿のラメセス２世像

1

世界遺産とは

　世界遺産とは、「顕著な普遍的価値★」をもつ自然や文化財を、世界遺産条約に基づき「**世界遺産リスト**」に記載して国際的に守ってゆくものである。世界遺産は、人類や地球の長い歴史の中で生まれ、受け継がれてきた「人類共通の宝物」といえる。宝物である世界遺産を、紛争や開発、自然環境破壊などから大切に守り、次の世代へと残してゆくことは、自分たちの文化について理解を深めるだけでなく、地球環境を守り、人々が互いに尊重しあう平和な世界をめざすこととつながっている。

イエローストーン国立公園

　1978年にアメリカ合衆国の『イエローストーン国立公園』やエクアドルの『ガラパゴス諸島』、セネガルの『ゴレ島』など12件が最初の世界遺産として登録された。2024年11月時点で、1,223件が世界遺産リストに記載されている。

　世界遺産は「**文化遺産**」「**自然遺産**」「**複合遺産**」の3つに分類されている。
- **文化遺産**：人類の歴史が生み出した、記念物や建造物群、文化的景観など。
- **自然遺産**：地球の生成や動植物の進化を示す、地形や景観、生態系など。
- **複合遺産**：文化遺産と自然遺産、両方の価値を兼ね備えているもの。

世界遺産条約

　正式名称を「世界の文化遺産及び自然遺産の保護に関する条約」という世界遺産条約は、1972年の第17回ユネスコ（国際連合教育科学文化機関）総会にて満場一致で採択された。2024年11月時点で、196の国と地域が加盟する、世界最大規模の国際条約である。

　この条約は、それまで別のものと考えられてきた**「文化」**と**「自然」**を、初めて

顕著な普遍的価値：人類全体にとって、現在だけでなく将来世代にも共通した重要性をもつ価値。

ひとつの条約の中で保護するもので、人間の文化と地球環境を切り離すことのできない「ひとつ」のものと考えている。また世界遺産条約は、「人類共通の宝物」を守るだけでなく、「平和の礎(いしずえ)」を築くという側面も強く、人類の犯した悲惨な過ちを記憶にとどめ二度と繰り返さないように教訓とする「負の遺産★」と呼ばれる遺産も存在する。

原爆投下後の原爆ドームと広島市内

　遺産を国際的に保護することを目的としているが、**遺産の保護・保全の義務と責任は、遺産保有国にある**。各国に保護を強制する罰則規定などはないが、適切な保護がなされておらず、世界遺産としての価値を損なう危険性のあるものは「危機遺産★」として公表され、**世界遺産基金**の援助や各国の協力のもとで危機を取り除く努力がなされる。

　世界遺産基金とは、世界遺産条約に設立が明記されているユネスコの信託基金のことで、世界遺産委員会が決定する目的にのみ使用することができる。世界遺産条約締約国の分担金（ユネスコ分担金の１％）や政府機関、団体、個人からの寄付金などをもとに運営されている。

世界遺産条約誕生のきっかけ

　世界遺産条約の理念が誕生するきっかけとなったのは、1960年にエジプトのナイル川で始まった**アスワン・ハイ・ダムの建設**とされる。「エジプトはナイルのたまもの★」という言葉でも有名なナイル川は、毎年定期的な洪水と氾濫(はんらん)を引き起こすことで流域に肥沃(ひよく)な耕地を生み出し、古代エジプト文明が生まれた。しかし現代において、当時のエジプトのナセル大統領は、人々の安全と生活向上のために、ナイル川の氾濫を防止し、安定した電力を供給する国家事業であるアスワン・ハイ・ダムの建設を決定した。

　ところがアスワン・ハイ・ダムが完成すると、古代エジプト文明の遺産であるヌビア地方の「アブ・シンベル神殿」や「フィラエのイシス神殿」などが、ダム

負の遺産：世界遺産条約で明確に定義されているわけではない。P.160にて詳しく説明。　　**危機遺産**：P.152-159にて詳しく説明。　　**エジプトはナイルのたまもの**：古代ギリシャの歴史家ヘロドトスが古代エジプト文明を表現した言葉。

湖に水没してしまう。そこでユネスコは、経済開発と遺産保護の両立という難題に取り組むべく、ヌビアの遺跡群救済キャンペーンを世界に向けて行い、約50ヵ国が賛同して救済事業に協力した。

当時のフランス文化大臣アンドレ・マルローがユネスコ会議で行った「世界文明の第1ページを刻む芸術は、**分割できない我々の遺産**である」という演説が、のちの世界遺産の理念へとつながった。

アブ・シンベル神殿のラメセス2世像の移築の様子

世界遺産の申請と登録

❯ 世界遺産申請

世界遺産に申請するためには、次の5つの条件が必要となる。

①　遺産をもつ国が世界遺産条約の締約国であること

世界遺産リストに遺産を登録するための前提条件であるが、ユネスコの加盟国である必要はない。アメリカ合衆国★は1984年から2003年までユネスコを脱退していたが、その間も『ハワイ火山国立公園』などが世界遺産登録されている。英国も1985年から1997年までユネスコを脱退していたが、その間に『ウェストミンスター宮殿、ウェストミンスター・アビーとセント・マーガレット教会』が登録されている。

②　あらかじめ各国の暫定<ruby>暫定<rt>ざんてい</rt></ruby>リストに記載されていること

世界遺産条約の締約国は、世界遺産登録をめざす遺産が記載された「暫定リスト」を作成し、ユネスコの世界遺産センターへ提出する。その中から、推薦書作成や法整備などの要件が整ったものを、1年に1件までユネスコの世界遺産センターへ推薦書を提出することができる。

アメリカ合衆国：パレスチナ国のユネスコ加盟に反対して2018年末に再びユネスコを脱退したが、2023年7月に復帰した。

ミラノのサンタ・マリア・デッレ・グラーツィエ修道院にある「最後の晩餐」（レオナルド・ダ・ヴィンチ）

③ 遺産を保有する国自身から申請があること

　どんなにすばらしく、保護が必要な遺産であっても、世界遺産委員会やユネスコが一方的に世界遺産リストに記載することはなく、**遺産を保有する国自身からの申請**が求められる。「ナイアガラの滝」のように、有名であっても保有国から申請のない遺産は、世界遺産リストには記載されない。

　唯一例外なのが『エルサレムの旧市街とその城壁群』で、第三次中東戦争以降イスラエルが実効支配をしているものの国際社会が認めておらず、領有権がはっきりしていないエルサレムにあるため、ヨルダンが代理申請し、保有国は実在しない国「エルサレム（都市名）」となっている。

④ 遺産が不動産であること

　土地や建物のように、動かすことのできない**不動産**でなければならない。「モナ・リザ」のように持ち運べる絵画や彫刻は、どんなに優れたものであっても申請することはできないが、「最後の晩餐」のような壁画や「奈良の大仏」のような巨大な像は、不動産の一部として登録されている。

⑤ 遺産を保有する国の法律などで保護されていること

　遺産を保護するのは、条約締約国の義務と責任であるため、申請する遺産は**各国の法律で保護**されていなければならない。『古都奈良の文化財』に含まれる東大寺の正倉院正倉は、宮内庁管轄の皇室財産であるため、国宝などの文化財保護法の対象とはなっていなかった。そこで宮内庁と文化庁が協議をして正倉院が国宝に指定され、ようやく世界遺産に登録された。

❯ 世界遺産登録

　条約締約国からユネスコの世界遺産センターに推薦された遺産は、文化遺産であれば**ICOMOS**★(イコモス：国際記念物遺跡会議)、自然遺産であれば**IUCN**★(アイユーシーエヌ：国際自然保護連合)が専門調査を行う。その調査結果をもとに、「世界遺産委員会」によって会議が1年に

『ブラジリア』のブラジリア大聖堂

1度開催され、世界遺産リストへの記載の可否が審議、決定される。

　推薦書の提出から登録まで約1年半の期間を要するが、ロシアの侵攻で危機に直面するウクライナの『オデーサの歴史地区』(2023年1月登録)のように、緊急の保護が必要な遺産は、「**緊急的登録推薦**」として正規の手順を経ずに世界遺産登録されることがある。

　日本の場合、文化遺産であれば文化庁もしくは内閣官房が、自然遺産であれば環境省と林野庁が暫定リスト★から候補を選定し、最終的に**世界遺産条約関係省庁連絡会議**において日本から推薦する遺産が選出される。その後、推薦書の提出を内閣が閣議了解して決定し、世界遺産センターに推薦書が送られる。

　世界遺産リストに記載されるためには、遺産が「顕著な普遍的価値」をもち、全10項目の登録基準★のいずれかひとつ以上に当てはまることが求められる。

　21ヵ国で構成される世界遺産委員会の任期は6年で、2年に1度開かれる世界遺産条約締約国会議で7ヵ国が改選される。ただし、できるだけ多くの国が委員を経験するために、4年で交代すること、任期を終えた国は次の立候補までに6年間あけることが望ましいとされている。

❯ 世界遺産委員会の審議内容

世界遺産に推薦された遺産の審議
危機遺産リストへの遺産の記載や解除
世界遺産の保護状況の報告、世界遺産基金の使い道の決定
世界遺産条約履行に関する諸事項ほか

ICOMOS：文化財の保存方法に詳しい専門家や団体で構成されるNGO(非政府組織)。　**IUCN**：各国政府や自然保護団体などで構成される自然環境保護組織。　**暫定リスト**：P.076参照。　**全10項目の登録基準**：P.024にて詳しく説明。

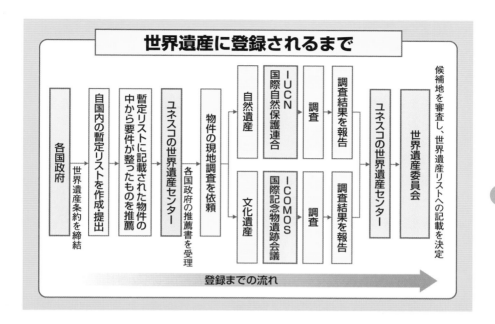

世界遺産に登録されるまで

各国政府 → 世界遺産条約を締結

自国内の暫定リストを作成・提出

暫定リストに記載された物件の中から要件が整ったものを推薦

ユネスコの世界遺産センター ← 各国政府の推薦書を受理

物件の現地調査を依頼

自然遺産 → IUCN 国際自然保護連合 → 調査 → 調査結果を報告

文化遺産 → ICOMOS 国際記念物遺跡会議 → 調査 → 調査結果を報告

ユネスコの世界遺産センター

世界遺産委員会 → 候補地を審査し、世界遺産リストへの記載を決定

登録までの流れ

世界遺産の概念

　世界遺産登録をめざす推薦書には、10項目の登録基準のどれに当てはまるのか、遺産の周辺に緩衝地帯（バッファー・ゾーン）を設けるなどの保全計画が立てられているか、「真正性」や「完全性」はあるか、といった価値の証明が求められる。

　バッファー・ゾーンとは遺産そのもの（プロパティ）の周囲に設定される区域で、遺産の顕著な普遍的価値を損なうおそれのある経済活動や開発などが制限される。

真正性（authenticity）：建造物や景観などが、その文化がもつ独自性や伝統、技術を継承していること。特に修復の際には、厳密に伝統的な技術や部材などが用いられていることが求められる。

完全性（integrity）：充分な広さや保護のための法律、予算、保全計画など、遺産の顕著な普遍的価値を証明し保護・保全するための必要条件がすべて整っていること。

世界遺産登録において重要視されている概念のひとつが、1992年に採択された「**文化的景観**」である。

文化的景観（Cultural Landscape）：人類が長い時間をかけて自然とともにつくり上げた景観や、自然の要素が人間の文化と強く結びついた景観。文化遺産に分類される。

　文化的景観は、人間の文化や社会、その景観などが周囲の自然環境や気候風土とは切り離すことができないという考えに基づいており、「文化と自然をひとつの条約で守る」という世界遺産条約の理念によく沿った概念といえる。日本では、2004年に神仏習合の霊場が残る『紀伊山地の霊場と参詣道』で初めて認められた。

『紀伊山地の霊場と参詣道』の那智大滝と、青岸渡寺の三重塔

　また、世界遺産登録において**シリアル・ノミネーション・サイト**や**トランスバウンダリー・サイト**といった概念も注目されている。

シリアル・ノミネーション・サイト（Serial Nomination Site）：文化や歴史的背景、自然環境などが共通する複数の遺産を、全体として顕著な普遍的価値をもつ「ひとつの遺産」として登録するもの。

トランスバウンダリー・サイト（Transboundary Site）：国境をまたいで存在する自然遺産や、同じような特徴をもつ複数の遺産が国境を越えて存在する時に、多国間の協力の下で世界遺産登録し保護・保全するもの。

🎵 **英語で読んでみよう！**　　"Convention Concerning the Protection of the World Cultural and Natural Heritage" has been adopted by UNESCO in 1972. UNESCO seeks to encourage the identification, protection and preservation of cultural and natural heritage around the world through this Convention. World Heritage site has the Outstanding Universal Value. It means that every World Heritage sites belong to all the peoples of the world, irrespective★ of the nation, race, belief, culture and history.

---

irrespective：〜に関わらず

ユネスコ (United Nations Educational, Scientific and Cultural Organization)

　国際連合教育科学文化機関（**UNESCO**：ユネスコ）は、世界中にひどい傷跡を残した第二次世界大戦後、二度と戦争を繰り返さない平和な世界をつくり出すことを目的として、1946年に設立された国連専門機関である。前年に採択された「国際連合教育科学文化機関憲章（ユネスコ憲章）」に基づき設立されており、「教育」や「科学」「文化」などを通して平和な世界を築くというユネスコの平和の理念は、その憲章前文によく表れている。

　「戦争は人の心の中に生まれるものだから、人の心の中にこそ、**平和のとりで**を築かなければならない。」（ユネスコ憲章前文より）

　ユネスコは、世界中の様々な文化や民族同士の相互理解を深めることで、戦争の原因である「怒り」や「憎しみ」を外に出さないよう、心の中に「平和のとりで」を築くための様々な国際協力活動を行っている。世界遺産条約もその「平和のとりで」のひとつとして、戦争のない平和な世界をめざす活動に貢献している。

パリにあるユネスコ本部

世界遺産と日本

　ユネスコでの世界遺産条約の採択からちょうど20年後の**1992年**、日本はようやく125番目の締約国となった。これは先進国としてはオランダと並んで最も遅い。

　しかし、日本は世界遺産条約が採択された時のユネスコ総会議長国であり、松浦晃一郎★氏が第8代ユネスコ事務局長を務め、「無形文化遺産保護条約」の採択に尽力するなど、日本とユネスコや世界遺産条約とのかかわりは深い。また、『アンコールの遺跡群』や『ボロブドゥールの仏教寺院群』などの修復支援活動に、日本は大きく貢献している。

　1993年に**『法隆寺地域の仏教建造物群』『姫路城』『屋久島』『白神山地』**の4件が初めて世界遺産登録され、2024年11月時点で、26件が世界遺産リストに記載されている。

　日本が世界遺産条約を締結した1992年は、日本では国際平和協力法（PKO協力法）が成立して自衛隊が国際協力に乗り出し、また世界的にはブラジルのリオ・デ・ジャネイロで国連初の「**地球サミット★**」が開催されて世界中が環境問題に関心を寄せるなど、国際協調で大きな動きのあった年である。

世界遺産と観光

　世界遺産と観光は切り離すことができない。世界遺産の多くは有名な観光地であり、また世界遺産になったことで注目され、多くの観光客が訪れるようになった場所もある。

　世界遺産を実際に訪れて周辺地域の文化や自然に触れることで、地球が多くの豊かな文化や民族、自然環境によって形づくられていること、異文化を理解し、尊重することの大切さなどを知ることができる。これはユネスコ憲章の理念に沿うものである。また、観光収入を保護・保全のための費用

多くの観光客が訪れるヴェネツィア

にあてている遺産もある。

　しかしその反面、観光客が増えすぎること（**オーバーツーリズム**）による問題も多い。排気ガスによる大気汚染やゴミ問題などの環境破壊、心ない人々による遺産の破壊や地元住民の日常生活への影響、観光客の移動などを原因とする生態系の変化など、観光客の増加が遺産保護の課題となっている遺産も少なくない。

　私たちはエコツーリズムのように、世界遺産の価値を学びそれを守りつつ観光を促進してゆく方法をよく考えてゆかなければならない。

無形文化遺産／世界の記憶

　世界中の民族にはそれぞれ、伝統的儀礼や風俗習慣、音楽や舞踏など、建物のような形をもたない「生きた文化」がある。こうした無形の文化は、2003年に採択された「無形文化遺産保護条約」で保護されている。2024年11月時点で、日本からは「能楽」「歌舞伎」「伝統建築工匠の技：木造建造物を受け継ぐための伝統技術」を含む22件が登録されている。世界全体ではインドの「ヨガ」やジャマイカの「レゲエ音楽」、トルコの「メヴレヴィ教団のセマーの儀式」など、日本

日本の歴史的な建造物を守るために欠かせない「伝統建築工匠の技」

のものも含めて611件がリストに記載されている。

　また、ユネスコでは書物や文書、絵画などの記録を**「世界の記憶」**として保護するプログラムを1992年より立ち上げており、日本からは2024年11月時点で、8件が登録されている。有形の遺産を守る「世界遺産条約」と無形の遺産を守る「無形文化遺産保護条約」とともに、地球環境と人間の生み出した遺跡や伝統文化、生活のすべてを大切に守り、次の世代へ確実に受け継いでゆくことをめざしている。

松浦晃一郎：1999年から2009年までの2期10年間、ユネスコ事務局長を務めた。　**地球サミット**：正式名称は「環境と開発に関する国際連合会議（国際連合環境開発会議）」。環境と開発をテーマとした国際会議。

出典：UNESCO World Heritage Centre

グラフと数字でみる世界遺産

＊文中の数値はすべて 2024 年 11 月時点。

❷ 世界遺産の締約国

　世界遺産条約を最初に締結したのはアメリカ合衆国で、1973年のことである。1975年には 締約国が20ヵ国に達して条約が発効し、現在では196の国と地域が締結している。日本は1992年、世界で125番目の締約国となった。

図表 1　世界遺産条約締約国数の推移

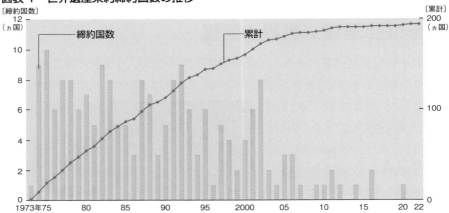

❷ 世界遺産の内訳

　世界遺産には現在1,223件が登録されている。内訳としては文化遺産が952件と最も多く、全体の8割弱を占めている。自然遺産は231件で、文化遺産と自然遺産双方の価値を備えた複合遺産の数は極端に少なく40件にとどまる。また世界遺産に登録された遺産をもつのは168ヵ国である。締約国のうち、モナコなど28ヵ国には登録物件がない。

図表2　世界遺産の内訳

文化遺産	952 件
自然遺産	231 件
複合遺産	40 件
合　計	1,223 件

図表３　地域別の登録物件数割合

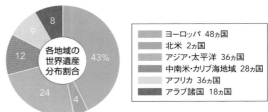

- ヨーロッパ 48ヵ国
- 北米 2ヵ国
- アジア・太平洋 36ヵ国
- 中南米・カリブ海地域 28ヵ国
- アフリカ 36ヵ国
- アラブ諸国 18ヵ国

さらに、世界遺産に登録されている遺産はヨーロッパに集中しており、全体の約半数にあたる。これにアジア・太平洋地域、中南米・カリブ海地域が続く。

図表4　地域別の世界遺産の数

	文化遺産	自然遺産	複合遺産	合　計
アフリカ	61	42	5	108
アラブ諸国	87	6	3	96
アジア・太平洋	211	73	12	＊296
ヨーロッパ	468	48	10	＊526
北　米	22	23	2	47
中南米・カリブ海地域	103	39	8	150
合　計	952	231	40	1,223

＊『ウヴス・ヌール盆地』と『ダウリアの景観群』(モンゴル国及びロシア)はヨーロッパとアジア・太平洋地域にまたがっているが、ここではアジア・太平洋地域に含めている。
＊『ル・コルビュジエの建築作品：近代建築運動への顕著な貢献』は7ヵ国3地域に点在するが、ここではヨーロッパに含めている。
＊『モラヴィア教会入植地』(アメリカ、英国、デンマーク、ドイツ)はヨーロッパと北米地域にまたがっているが、ここではヨーロッパに含めている。

● 世界遺産登録数の推移

図表5　世界遺産登録数の推移

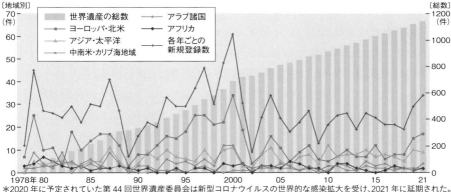

＊2020年に予定されていた第44回世界遺産委員会は新型コロナウイルスの世界的な感染拡大を受け、2021年に延期された。

近年では毎年10〜20件程度が新規登録されている。一方で、オマーンの「アラビアオリックスの保護地区」とドイツの「ドレスデン・エルベ渓谷」、英国の「リヴァプール海商都市」がそれぞれ世界遺産リストから削除された。

● 国別の登録件数とその内訳

国別の登録遺産数が最も多いのはイタリアで、60件である。2位は中国で59件。3位はドイツ54件、4位はフランス53件と、ヨーロッパの国々が上位を占める。日本は26件が登録されており、全体の11位となっている。

図表6　世界遺産登録数ベスト20

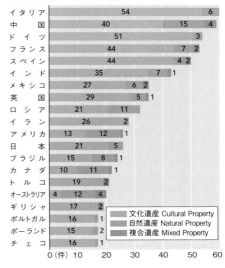

世界遺産の登録基準

　世界遺産リストに記載されるためには、**全10項目からなる登録基準**のいずれかひとつ以上に当てはまることが必要である。文化遺産と自然遺産で統一の10項目からなるが、登録基準(i)～(vi)は文化遺産の価値に相当するもの、登録基準(vii)～(x)は自然遺産の価値に相当するものとなっている。複合遺産とは、その両方の登録基準を含んでいる遺産である。

　登録基準とは、その遺産が評価されている点であり、登録基準をみるとその遺産の価値を知ることができる。日本の文化遺産21件の遺産のうち登録基準(ii)が認められた遺産は12件あり、日本の文化遺産の特徴は「**文化交流**」にあることがわかる。また日本の自然遺産は5件中4件で登録基準(ix)が認められており、日本の自然遺産の特徴は「**生態系の多様さ**」にあることがわかる。

　『ヴェネツィアとその潟』や『敦煌の莫高窟』などのように多くの登録基準が認められている遺産がある一方、『広島平和記念碑（原爆ドーム）』のようにひとつの登録基準だけが認められている遺産もある。この登録基準の数は、遺産の重要さを示しているわけではない。

登録基準

(i) 人類の創造的資質を示す傑作。

(ii) 建築や技術、記念碑、都市計画、景観設計の発展において、ある期間または世界の文化圏内での重要な価値観の交流を示すもの。

(iii) 現存する、あるいは消滅した文化的伝統または文明の存在に関する独特な証拠を伝えるもの。

(iv) 人類の歴史上において代表的な段階を示す、建築様式、建築技術または科学技術の総合体、もしくは景観の顕著な見本。

(v) ある文化（または複数の文化）を代表する伝統的集落や土地・海上利用の顕著な見本。または、取り返しのつかない変化の影響により危機にさらされている、人類と環境との交流を示す顕著な見本。

(vi) 顕著な普遍的価値を持つ出来事もしくは生きた伝統、または思想、信仰、芸術的・文学的所産と、直接または実質的関連のあるもの。（この基準は、他の基準とあわせて用いられることが望ましい。）

(vii) ひときわ優れた自然美や美的重要性を持つ、類まれな自然現象や地域。

(viii) 生命の進化の記録や地形形成における重要な地質学的過程、または地形学的・自然地理学的特徴を含む、地球の歴史の主要段階を示す顕著な見本。

(ix) 陸上や淡水域、沿岸、海洋の生態系、また動植物群集の進化、発展において重要な、現在進行中の生態学的・生物学的過程を代表する顕著な見本。

(x) 絶滅の恐れのある、学術上・保全上顕著な普遍的価値をもつ野生種の生息域を含む、生物多様性の保全のために最も重要かつ代表的な自然生息域。

日本の世界遺産

• • •

日本固有の文化や自然を代表する日本の世界
遺産は、世界の遺産ともつながっている。

Photo :『姫路城』(日本国)

2

食物連鎖

知床
Shiretoko

自然遺産　登録年 **2005年**　登録基準 **(ix)(x)**

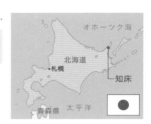

オホーツク海
北海道
・札幌
知床
青森県　太平洋

❯ 豊かな海で繰り返される食物連鎖

　知床は北海道の北東端に位置し、地球上で最も低緯度で海水が凍る**季節海氷域★**にある。アムール川の淡水がオホーツク海に流れ込んでできるこの海氷は、春になると知床周辺でとけて栄養塩を供給することから**食物連鎖★**が始まる。まず植物プランクトンが増え、それをえさに動物プランクトンも増殖する。さらにそれを食べる小魚や甲殻類・貝類を、大型回遊魚やアザラシなどの海生哺乳類が捕食する。また、サケやマスは河川をさかのぼり、ヒグマやキタキツネの食料となる。こうした海と陸の生態系が連続している点が評価された。

　知床半島は東西を貫く知床連山を挟んで、西のウトロ側と東の羅臼側では気候が大きく異なる。そのため、冷温帯性落葉広葉樹林（ミズナラ、シナノキなど）や亜寒帯性常緑針葉樹林（トドマツ、エゾマツなど）、針広混交林などが分布しており、植生も多彩である。また、知床半島と周辺海域は環境省が絶滅危惧種に定める19種の鳥類を含む多様な生物の生息地でもある。

　この豊かな自然を開発から守るため、**ナショナル・トラスト運動**を手本として、市民の寄付によって土地を買い取る「しれとこ100平方メートル運動」が行われた。1997年からは原生の森へ復元する運動に発展している。

📖 英語で読んでみよう！　The Shiretoko Peninsula provides continuous food chain between the sea and the land. To protect invaluable natural environment of the Shiretoko Peninsula, conservation activities have been carried out by its citizens, modeled after Britain's National Trust.

地理にリンク　ナショナル・トラスト運動

　国民からの寄付などをもとに、地方公共団体や民間団体が良好な自然環境や歴史的環境をもつ土地を取得して保護する運動。英国で19世紀末に始まり、日本では初めて鎌倉で行われた。ほかに和歌山県天神崎の保護運動などが知られている。

1
2

日本の世界遺産

アイヌ語で「大地の突き出たところ（地の先）」を意味する「シリエトク」を語源とする知床半島

タンザニア連合共和国

セレンゲティ国立公園
Serengeti National Park

自然遺産　｜登録年｜ 1981年　｜登録基準｜ (vii)(x)　▶

❷ 草食動物と肉食動物の生存競争

　　タンザニア北部に広がるセレンゲティ国立公園は、地球上で最も多くの哺乳類が暮らす場所として知られ、生息する動物は約300万頭にのぼる。マサイ語で「**果てしない草原（セレンゲティ）**」を意味するこの広大なサバナ（草たけの長い熱帯の草原）では、陸上の食物連鎖が繰り広げられている。

　　雨季が終わる6月ごろ、ヌーやシマウマ、トムソンガゼルなど多くの草食動物が水と食料を求めて**大移動**を始め、肉食動物がそれをねらう。草食動物たちは全長10kmにも及ぶ群れをなし、乾季でも比較的湿潤なセレンゲティ平原北西部や隣国ケニアにあるマサイマラ国立保護区をめざす。雨季が始まる10月ごろには再びセレンゲティ平原中央部へと戻る。

シマウマやヌーなど草食動物の群れ

季節海氷域：特定の時期のみ、海氷に覆われる海域。知床では、オホーツク海の表面に塩分濃度の低い淡水が層をつくり、その層が凍る。　**食物連鎖**：生物同士が互いに「食べる・食べられる」という関係でつながっていること。

2-2 定住の始まり

北海道、青森県、岩手県、秋田県

北海道・北東北の縄文遺跡群
Jomon Prehistoric Sites in Northern Japan

文化遺産

登録年 2021年　登録基準 (iii)(v) ▶

❷ 縄文時代の定住生活と社会システムを伝える遺跡群

　北海道、青森県、岩手県、秋田県の4道県に点在する17の先史時代の遺跡群であり、**縄文時代**（紀元前1万3,000年〜前400年ごろ）を定住の「開始」、「発展」、「成熟」の3つの段階に分け、それぞれをさらに前期と後期に分けた6つの時代区分で構成資産を分類している。

　登録された一帯の地形は、山地や丘陵、平地、低地など変化に富んでおり、湖沼や水量豊富な河川があった。紀元前1万3,000年ごろの地球規模の温暖化により、ブナ林を中心とする落葉広葉樹林が形成され、海洋では暖流と寒流とが交差して豊かな漁場が生まれ、サケやマスなどが遡上する環境へと変化した。人々は食料を安定して確保するとともに定住を開始し、発展、成熟させていった。

　「定住の開始」に含まれる青森県の大平山元遺跡では、北東アジア最古級の土器片が出土し、定住社会の出現を示す。「定住の発展」の時期には、住居のほか、墓や祭祀場、捨て場など多様な施設が集落に築かれた。青森市郊外の三内丸山遺跡には、竪穴住居★などの建築物跡を含む大規模集落跡が残る。「定住の成熟」は集落が小規模化し分散した時期で、集落間の結びつきを強めるため共通の祭祀・儀礼場が集落外に形成された。秋田県の大湯環状列石には2つの環状列石★があり、土偶や動物形土製品などの祭祀・儀礼の道具が数多く発見された。青森県の亀ヶ岡石器時代遺跡では目の表現が独特な遮光器土偶★が出土している。

　各地の遺跡は、人々が環境の変化に適応しつつ1万年以上にわたり狩猟や漁労、採集生活を継続し、複雑な精神文化を構築してきたことを示している。

地理にリンク ▶ **縄文海進**

　「海進」とは、海面の上昇や陸地の沈降によって海岸線が陸側に移動すること。縄文時代最初期の温暖化により、日本付近の海面が上昇し、関東地方の海岸線が内陸に移動した。貝塚の分布から、当時の海岸線が推定されている。

英語で読んでみよう！

These sites are made up of 17 prehistoric sites scattered around the four prefectures of northern Japan. Archaeological sites in various places tell us about the diverse lifestyles of people in Jomon period Japan, who engaged in hunting, fishing and gathering, and eventually transitioned into a sedentary lifestyle*.

三内丸山遺跡の、復元された大型掘立柱建物（左）と大型竪穴建物（右）

トルコ共和国

ギョベクリ・テペ
Göbekli Tepe

[文化遺産]　[登録年] 2018年　[登録基準] (i)(ii)(iv)

● 世界最古の巨石構造物群

　アナトリア半島の南東部に位置するギョベクリ・テペは、紀元前9600年〜前8200年の**先土器新石器時代**の狩猟採集民が築いた巨石構造物群の遺跡。トルコ語で「太鼓腹の丘」を意味するギョベクリ・テペは、周囲を平坦な石灰岩台地に囲まれたテル（遺丘）★にある。最も古い層の遺跡からは幅10〜30mの円形に囲われた記念碑的な建築物が発掘され、周囲と中央にはT字型の石柱が配されていた。石柱は石灰岩で、隣接する台地から切り出されたと考えられており、オーロックス（原牛）やヒョウ、ヘビ、クモ、ハゲワシなど人間にとって危険な動物が多く彫られている。後代になると人間をモチーフとした浮き彫りもみられる。

　巨石構造物は**祭祀・儀礼に使用**されたと考えられ、特に葬送に関連していたとされる。狩猟採集社会から農耕社会への過渡期にあった、先土器新石器時代の人類の創造性を示す遺跡である。

T字型石柱が円形に並び、中央には2基立っていた

竪穴住居：地表から数十cm掘り下げた地面を床とし、柱を立てて屋根を支えた建物。　**環状列石**：石を直径40〜50mほどの円形状に並べた遺構で、祭祀や墓地などにかかわる施設。ストーン・サークルとも呼ばれる。　**遮光器土偶**：スノーゴーグル（遮光器）をかけているような大きな目に特徴がある土偶。女性を表現しており、多産や豊穣の願いが込められたと考えられている。　**sedentary lifestyle**：定住生活　**テル（遺丘）**：巨大な丘状の遺跡で、都市や集落が同じ場所で建設と崩壊を繰り返し層をなして堆積したもの。

青森県、秋田県

白神山地
Shirakami-Sanchi

[自然遺産]　登録年 **1993年**　登録基準 **(ix)** ▶

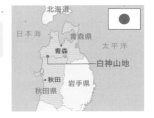

❷ ブナと造山運動が生み出す豊かな生態系

　青森県と秋田県にまたがる白神山地は**ブナ**を中心とする落葉樹からなる原生林で、現在の姿は約8,000年前にできあがったとされる。世界遺産には、青森県側を中心に約170k㎡が登録されている。

　この地域は、約250万年前まで一部が海中にあったが、その後急速に隆起して山地となった。現在でも隆起は続いており、そのスピードは日本列島のなかでもきわめて速い。崩れやすい地層で多雪地帯でもあるため、隆起にともなって地滑りが引き起こされる。こうして、何万年も隆起と崩壊を繰り返して、褶曲と断層のみられる独特の地形が生み出された。

　ブナはヨーロッパや北アメリカなどでも生育しているが、大陸氷河が発達した時代に分布域を狭くしてしまった。一方、日本のブナの分布地域は氷河に覆われることがなく、多様な生態系が維持された点で価値が高い。ブナをはじめとする落葉広葉樹林は分厚い落ち葉の層を形成して、「緑のダム」と呼ばれるほど水分と栄養の豊かな土壌をつくる。豊かな自然の中、固有種の**アオモリマンテマ**★など約500種の植物のほか、特別天然記念物★の**ニホンカモシカ**など14種の哺乳類、絶滅が危惧されるクマゲラやイヌワシなどの鳥類も生育している。

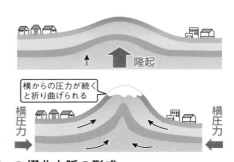

● **褶曲山脈の形成**

[現代社会にリンク] **住民運動が守った白神山地**

　白神山地のブナの活用を目的とした青秋林道の建設計画が1970年代末に立ち上がると、青森県を中心とする全国の自然保護団体が計画中止を求めて活動を行い、ブナの原生林が守られた。これが日本の世界遺産条約締結につながった。

左側余白：
1
2
日本の世界遺産

ブナ林には多様な動植物が息づく

ネパール連邦民主共和国

サガルマータ国立公園
Sagarmatha National Park

自然遺産　登録年 ▶ 1979 年　登録基準 ▶ (vii) ▶

❯ エヴェレストを中心とする大自然

　ネパールと中国チベット自治区との国境に接するサガルマータ国立公園は、標高8,848mの世界最高峰サガルマータを中心に、7,000〜8,000m級の山々と氷河が連なる。ネパール語で「世界の頂上」を意味するサガルマータは、チベット語でチョモランマ（世界の母神）、一般には**エヴェレスト**（インドの測量局初代長官の名前）の名で知られている。

　エヴェレストをはじめとするヒマラヤ山脈は、約4,500万年前にインド亜大陸がユーラシア大陸に衝突して海底が隆起★したことで形成された。現在も大陸移動は続き、ヒマラヤ山脈も毎年数mm〜数cmの単位で隆起している。

　公園内には絶滅が危惧されるユキヒョウやジャコウジカなど28種の哺乳類、モリジシギなど194種の鳥類が生息し、ヒマラヤの固有種であるブルーポピーや深紅の花が美しいアルボレウムが咲く。標高3,500〜5,000m付近は登山隊のポーターとしても活躍する**シェルパ**族の生活圏で、チベット仏教のゴンパと呼ばれる僧院や集落などが点在している。

ヒマラヤはサンスクリット語で「雪の居所」の意味

アオモリマンテマ：青森県と秋田県の固有種で、ナデシコ科マンテマ属の多年草。　**特別天然記念物**：動植物などの天然記念物のなかで、特に重要なものが指定される。2024年11月時点で、天然記念物1,040件のうち75件が指定されている。　**invaluable**：非常に貴重な　**indigenous species**：固有種　**海底が隆起**：山頂近くの「イエロー・バンド」では海生生物の化石などもみつかっている。

岩手県

平泉―仏国土（浄土）を表す建築・庭園及び
考古学的遺跡群―

Hiraizumi - Temples, Gardens and Archaeological Sites Representing the Buddhist Pure Land

[文化遺産] 　登録年 **2011年** 　登録基準 **(ii)(vi)** ▶

▶ 奥州に築かれた争いのない仏国土

　平安時代末期に、仏の正しい教えがすたれ世が乱れるという末法思想が広まり、貴族を中心に**浄土思想**★が流行した。平泉では奥州藤原氏によって、浄土信仰に基づく理想世界の実現をめざした仏教文化が花開いた。

　中尊寺は、1105年に藤原清衡が再興した寺院。金色堂と呼ばれる仏堂は創建当初のまま残る唯一の建造物で、金や螺鈿★をふんだんに使い、仏像群とともに阿弥陀如来の極楽浄土を表現している。須弥壇内には藤原氏３代（清衡、基衡、秀衡）の遺体（ミイラ）と４代泰衡の首級が納められた。清衡が納めた「供養願文」からは、奥州の戦いで死んだ者たちを敵味方の区別なく極楽浄土へ導き、辺境の奥州にこの世の浄土を築こうとした清衡の思いがうかがえる。

　毛越寺は、２代基衡が再興した寺院で**浄土庭園**★が残るが、当時の建築物は度重なる戦火によりすべて焼失してしまった。世界遺産に登録されている観自在王院跡、無量光院跡も、かつては広大な寺域をもち、仏国土を表現した建築や浄土庭園があった。金鶏山は、平泉の中心部の西側に位置する山で、平泉のまちづくりでは金鶏山との位置関係が重要視された。山頂には経塚が残り、松尾芭蕉の『**おくのほそ道**』に登場する山としても知られている。

　２度の戦乱ののち、藤原清衡による奥州全域の支配が確立すると、この地域は馬や金の主要な産地として栄えた。また、大陸との交易もあったとされる。こうした大きな経済力を背景とした繁栄は、京の都と比べられるほどであったが、1189年に 源 頼朝の軍勢によって滅ぼされ、100年の栄華は幕を閉じた。

歴史にリンク ▶ **松尾芭蕉と平泉**

　俳人・松尾芭蕉の紀行文『おくのほそ道』は、江戸から美濃の大垣までの約2,400kmの旅の様子がつづられている。1689（元禄２）年５月13日に平泉に到着した芭蕉は、奥州藤原氏の栄華に思いをはせて、「五月雨の降り残してや光堂」などの句を詠んだ。

1

2

日本の世界遺産

浄土庭園が残る毛越寺

📖 英語で読んでみよう！

Hiraizumi is a "utopia" that the Oshu Fujiwara Family created based on the Pure Land Buddhism in the hope of reproducing the Pure Land. It consists of temples and gardens. Konjiki-do of Chuson-ji represents the Pure Land Paradise and is remarkable for the generous use of gold and mother-of-pearl★ inlay.

エチオピア連邦民主共和国

ラリベラの岩の聖堂群

Rock-Hewn Churches, Lalibela

文化遺産　登録年 ▶ 1978年　登録基準 ▶ (i) (ii) (iii)

エリトリア　サウジアラビア
紅海　イエメン
スーダン　ジブチ
ラリベラの
岩の聖堂群　ソマリア
アディスアベバ
エチオピア　インド洋

● 「第二のエルサレム」をめざした聖地

　12世紀末ごろ、キリスト教の聖地エルサレムはイスラム勢力の占拠下にあり、信徒は聖地巡礼ができなかった。ザグウェ朝の7代国王**ラリベラ**は、岩窟教会をつくり、都を「第二のエルサレム」にしようとした。そのため、ヨルダン川やキリストが生まれたベツレヘムなど、聖書にちなんだ地名がつけられた。聖堂

ギリシャ十字形につくられたギョルギス聖堂

群は巨大な一枚岩をくりぬき掘り下げるようにしてつくられており、全部で11ヵ所ある。11番目につくられた最も新しい**ギョルギス聖堂**は、十字形の箱のような形をしている。聖堂群は、現在も信仰の対象として祈りが捧げられている。

浄土思想：死後に極楽浄土へ行き、仏になることを説く教え。　**螺鈿**：漆などの工芸品に、加工した貝殻をはめ込む伝統の技法。　**浄土庭園**：寺院建造物と園池を配し、浄土の再現をめざした庭園様式。　**mother-of-pearl**：螺鈿

栃木県

日光の社寺
Shrines and Temples of Nikko

文化遺産

登録年 **1999年**　登録基準 **(i) (iv) (vi)** ▶

新潟県　福島県
栃木県
群馬県　宇都宮　茨城県　──日光の社寺
埼玉県　太平洋
東京都　千葉県

❯ 江戸時代に発展した神仏習合の聖地

　8世紀末に修験僧の勝道上人が開いた日光山は、古くから日本固有の神道と外来の仏教を調和した**神仏習合**★の聖地であった。

　日光の社寺の中心的存在である東照宮は、江戸幕府初代将軍 徳川家康の遺言に従って**天海**が家康の神霊を祀るために建造した。1634年からは3代将軍の徳川家光が「寛永の大造替」と呼ばれる大改修を行った。それ以後も改修が続けられ、江戸幕府の権威の象徴ともいえる社殿群が整えられた。

　明治時代の神仏分離令で、日光の社寺は東照宮と二荒山神社（東照宮以外の神道の建造物の総称）、輪王寺（仏教関連の建造物の総称）に分かれた。これらの建造物と、信仰の中で守られてきた周囲の自然環境が世界遺産登録された。

　建造当初は質素だった東照宮の本社は、寛永の大造替により**権現造り**の豪華絢爛な社殿に建て替えられた。二荒山神社は二荒山（男体山）を御神体とし、山岳信仰の中心地だった。本社の本殿は日光山内に現存する最古の建造物で、八棟造りと呼ばれる建築様式はのちの権現造りに発展したとされる。

　輪王寺は766年に勝道上人が創建した四本龍寺を起源とする。中心となる本堂（三仏堂）は日光山内で最大の建造物である。

📖 英語で読んでみよう！　Mount Nikko was a sacred site of fusion of Shinto with Buddhism from olden times. Here two shrines and a temple are registered. The Gongen-style gorgeous Toshogu enshrines the great Shogun, Tokugawa Ieyasu.

歴史にリンク　**神仏分離令**

　明治新政府は神道の国教化を推進した。1868年に出された神仏分離令では神仏習合（神仏混淆）が禁じられ、神社から仏教色を排除することを命じた。これをきっかけに、幕末以来行われていた仏教迫害・弾圧の動きである廃仏毀釈が激化した。

子供の遊びや聖人、賢人など、500以上の彫刻が施された日光東照宮の陽明門

中華人民共和国

始皇帝陵と兵馬俑坑
Mausoleum of the First Qin Emperor

文化遺産　登録年 ▶ 1987年　登録基準 ▶ (i)(iii)(iv)(vi) ▶

モンゴル　ピョンヤン　北京　北朝鮮　ソウル　韓国　日本　東シナ海　中国

始皇帝陵と兵馬俑坑

❷ 壮大な地下帝国をもつ皇帝陵

　中国陝西省西安の郊外にある始皇帝陵は、前221年に中国初の統一国家秦を建てた**始皇帝**の陵墓である。多くの囚人や職人を動員し約40年かけて完成したとされる。この陵は内外二重の城壁に囲まれており、全体は東向きの配置であった。敷地内には墳丘のほか、神殿や祭祀施設があった。地下には巨大宮殿が存在するとされ、司馬遷の『**史記★**』には、床に水銀を流して川や海をつくり、天井には天体を描いて空を表していたという記述がある。

　始皇帝陵の東側1.5kmにある兵馬俑坑は1974年に発見され、これまでに4つの坑がみつかっている。兵馬俑とは、兵士や軍馬をかたどった陶製の像で、始皇帝の死後の生活を守るために遺体とともに埋葬されたとされる。写実的につくられた兵士俑の高さは180cm前後で、ひとつひとつ表情や髪形、服装が異なる。当時は赤や緑などの彩色が施されていたが、現在は剝落している。最大の1号坑から出土した約6,000体もの兵士俑や軍馬俑24頭は、東向きに隊列を組んでいる。

8,000体もあるという兵馬俑

神仏習合：日本古来の神道と大陸伝来の仏教思想が融合されるなかで主張されるようになった宗教思想。平安時代には仏や菩薩が神の姿となって現れたとする本地垂迹説が広がった。　　**史記**：前漢の歴史家である司馬遷が書いた中国の歴史書。

2-6 絹産業

群馬県

富岡製糸場と絹産業遺産群
Tomioka Silk Mill and Related Sites

文化遺産　　登録年 **2014年**　　登録基準 **(ii)(iv)** ▶

富岡製糸場と
絹産業遺産群

新潟県　福島県
群馬県　栃木県
・前橋
長野県　埼玉県
太平洋
東京都

❯ 生糸の輸出量世界一を支えた官営工場

　明治政府が1872年に設立した官営の器械製糸場である富岡製糸場（とみおかせいしじょう）と、田島（たじま）弥平旧宅（やへい）、高山社跡（たかやましゃ）、荒船風穴（あらふねふう）の４つの資産で構成される。**殖産興業★**を掲げた明治政府は、江戸時代末期より日本の主要輸出品であった生糸を輸出品の軸（じく）に据えて貿易拡大をめざした。そこで、フランス人技師の**ポール・ブリュナ**を雇い入れ、日本初の官営工場の建設と最新の器械製糸技術の導入、技術者の育成をはかった。ブリュナによって工場建設の地として選ばれたのは、養蚕（ようさん）がさかんで土地も広く、水も豊富な富岡だった。

　富岡製糸場では、全国から工女を募集し、のちに彼女たちが地元へ戻り指導者となることも目的としていた。そのため、工女たちの労働環境も配慮されており、医師の常駐する病院や寄宿舎、食事や薬なども無料で用意されていた。

　また富岡製糸場では、西欧の技術と日本の技術が融合した和洋折衷の建造物群がつくられた。富岡製糸場の繭倉庫（まゆ）（置繭所）や繰糸場（そうしじょう）は、日本古来の木造の柱に西欧伝来のレンガを組み合わせた**木骨レンガ造**（もっこつ）と呼ばれる構造で建てられている。内部は、柱が少なく広い工場空間を確保することができる、三角形を基本とした屋根組みのトラス構造が採用されている。

　富岡製糸場は養蚕農家の田島家、養蚕教育研究機関の高山社、蚕種（さんしゅ）（蚕の卵）（かいこ）（たまご）貯蔵の荒船風穴などと相互に連携（れんけい）して技術の交流と革新を行い、明治から大正、昭和にわたって高品質の生糸をつくり続けてきた。しかし、化学繊維の普及による生糸価格の下落などのため、1987年に操業を停止した。

歴史にリンク ▶ **絹産業**

絹（きぬ）は紀元前の中国で生まれ、弥生時代（やよい）に日本に伝えられた。３世紀の『魏志倭人伝』（ぎしわじんでん）には卑弥呼（ひみこ）が中国に絹織物を献上していた記録が残っている。奈良時代に養蚕が全国的に広まったが、本格的な生糸生産が始まったのは江戸時代である。

繭を貯蔵した西置繭所

📖 英語で読んでみよう！　Tomioka Silk Mill was a government-owned factory established by the Meiji government in 1872. Its introduction of French technology brought improvement in the quality of raw silk as well as mass-production. It is a successful example of industrial modernization in Japan.

 フランス共和国

リヨンの歴史地区

Historic Site of Lyons

文化遺産 ・ 登録年 ▶ 1998年 ・ 登録基準 ▶ (ii)(iv)

> 2,000年以上の歴史をもち絹産業で栄えた都市

リヨンは、紀元前1世紀にローマ人によって、**ガリア3州★**と呼ばれた地方の首都として築かれた都市である。ソーヌ川とローヌ川の合流点に位置する交通の要所であり、2,000年以上にわたって政治や文化、経済の発展に重要な役割を果たしてきた。

16世紀はじめに**フランソワ1世**が絹織物産業を推奨（すいしょう）したことで、この地で絹織物工業が急速に発展した。18世紀末にフランス革命が起こるまでは、ヨーロッパにおける絹産業の中心地であった。富岡製糸場で技術指導を行ったポール・ブリュナもリヨンで製糸技術を学んだ。

フルヴィエールの丘とノートル・ダム・ドゥ・フルヴィエール教会

殖産興業：明治政府が欧米に対抗するために推進した、産業を活発にして国家の近代化をはかる政策。　　**ガリア3州**：西ヨーロッパでガリア人が居住した地域のうち、リヨン、アキテーヌ、ベルギーの3つの州のこと。

固有の生態系

小笠原諸島
Ogasawara Islands

自然遺産　　登録年 **2011年**　　登録基準 **(ix)** ▶

東京　千葉県
静岡県
東京都
太平洋　小笠原諸島

❯ **隔絶された世界での独自の生態系**

　東京都に属する小笠原諸島は、日本列島から南へ約1,000km離れた太平洋上に位置する。世界遺産には小笠原諸島の陸域（父島と母島の集落近郊、硫黄島、沖ノ鳥島、南鳥島は除く）と、南島周辺などの海域が登録されている。

　小笠原諸島は小笠原群島★と火山列島からなる。小笠原群島は太平洋プレートがフィリピン海プレートの東端に沈み込むことによってできた海洋島で、大陸と陸続きであったことがなく「海洋性島弧」と呼ばれる。同じく大陸とつながったことのないハワイ諸島やガラパゴス諸島は火山島で、島の成り立ちが異なる。

　小笠原諸島のような大陸から離れた島々では、動植物が島にたどり着き定着することが難しいため、固有の生態系をみることができる。小笠原で独自の進化をとげた動植物のなかでも、特に陸産貝類（カタツムリの仲間）や一部の植物については高い固有率を誇る。**カタマイマイ属**などに代表される陸産貝類の固有率は約95％ともいわれ、現在でも新種が発見されている。このように、異なる自然環境に適応するために、単一の祖先から様々な種に分化してゆくことを、**適応放散**という。

　一方で、島に持ち込まれた外来種の動植物が繁殖することによって生態系の破壊が危ぶまれており、ペットや家畜として島に持ち込まれたヤギやブタのほか、**グリーンアノール**という北米産のトカゲが小笠原の固有種であるチョウやトンボなどを絶滅に追い込んでいることが問題視されている。

歴史にリンク　**『種の起源』**

　ダーウィンが1859年に発行した書物。生存競争の結果、生活条件に適したものが生き残り、その過程で変異が積み重ねられて生物は進化してきたとする。この考えは論争を引き起こし、当時の宗教界や社会科学、人文科学にまで影響を与えた。

英語で読んでみよう！

The Ogasawara Islands are located in the Pacific Ocean about 1,000 km south of Tokyo metropolitan area. As they have never been connected to any continent*, a unique ecosystem can be observed where flora and fauna have been evolving on their own to survive in a unique ecosystem.

南島の洞門と扇池

【エクアドル共和国】

ガラパゴス諸島
Galápagos Islands

【自然遺産】 【登録年】1978年／2001年範囲拡大 【登録基準】(vii)(viii)(ix)(x)

❷ 独自の進化をとげた動物が暮らす火山群島

　世界で最初に登録された世界遺産のひとつでもあるガラパゴス諸島は、大小19の島と多くの岩礁からなる火山群島である。この諸島は大陸から西に1,000kmほど離れており、また大型の肉食哺乳類も存在しなかったため、島ごとに異なる生態系がつくられた。英国の博物学者**チャールズ・ダーウィン**は、島名の由来にもなったゾウガメ（スペイン語でガラパゴ）やウミイグアナ、**フィンチ**などを観察し、進化論のアイデアを得て『種の起源』を著した。

　この島では多くの爬虫類や野鳥類、魚類が生息し、周辺海域でも多様な海洋生物がみられる。しかし人間が足を踏み入れて以降、家畜をはじめとする外来種が島の生態系を狂わせ、海洋生物の乱獲、都市化なども相まって環境破壊が進行。2007年に危機遺産登録された。エクアドル政府は環境保全計画を立て、2010年に危機遺産リストから脱している。

ウミイグアナ

小笠原群島：小笠原諸島に含まれる父島列島と母島列島、聟島列島。
continent：大陸と陸でつながったことがない

have never been connected to any

フランス共和国、スイス連邦、日本国、ドイツ連邦共和国、ベルギー王国、アルゼンチン共和国、インド

**ル・コルビュジエの建築作品：
近代建築運動への顕著な貢献**
The Architectural Work of Le Corbusier, an Outstanding Contribution to the Modern Movement

[文化遺産]　登録年 **2016年**　登録基準 **(i)(ii)(vi)**　▶

●国立西洋美術館

ル・コルビュジエの
建築作品

茨城県　埼玉県　東京都　千葉県　東京　神奈川県　太平洋

❷ 近代建築の概念が全世界に広がったことを示す建築作品群

　20世紀を代表する建築家ル・コルビュジエの建築作品群をひとつの世界遺産として登録し、近代建築の概念の世界的な広がりを証明している。7ヵ国に点在する17資産で構成され、日本からは東京の上野(うえの)にある「国立西洋美術館」が含まれている。日本初の「**トランスバウンダリー・サイト★**」である。

　ル・コルビュジエは新しい技術や素材を用いるだけでなく近代建築の重要な概念を打ち出し、世界的に大きな影響を与えた。そのひとつ「**ピロティ**（フランス語で「杭(くい)」の意味）」は、建物の一階部分の柱で床を支えることで、空中に浮いたような軽(かろ)やかな印象をつくり出す建築様式である。これはフランスの「サヴォア邸(てい)」のほか、国立西洋美術館本館などにも取り入れられている。

　国立西洋美術館は、実業家であった松方幸次郎(まつかたこうじろう)がヨーロッパで買い付けた美術作品群（**松方コレクション**）を展示する目的で1959年に建てられた。建築にあたりル・コルビュジエの「無限成長美術館」というアイデアが用いられた。これは将来的に展示作品が増えても、螺旋状(らせんじょう)に外側に展示室を増設できるというもの。また、美術館としては珍しく自然光を利用した照明が採用された（現在は蛍光灯(けいこうとう)になっている）。

国立西洋美術館(本館)

📖 英語で読んでみよう！　Seventeen buildings designed by Le Corbusier in seven countries were registered, including the National Museum of Western Art in Japan which reflects his concept of "Museum of Unlimited Growth★".

● ル・コルビュジエの建築作品

1 サヴォア邸と庭師小屋　　2 ラ・ロッシュ=ジャンヌレ邸
3 ポルト・モリトーの集合住宅　4 ペサックの集合住宅
5 サン・ディエの工場　　　　6 ロンシャンの礼拝堂
7 ラ・トゥーレットの修道院　　8 フィルミニの文化の家
9 マルセイユのユニテ・ダビタシオン 10 カップ・マルタンの休暇小屋
11 レマン湖畔の小さな家　　　12 イムーブル・クラルテ

●フランスとスイスの構成資産

 オーストラリア連邦

シドニーのオペラハウス
Sydney Opera House

文化遺産　登録年 **2007年**　登録基準 (i) ▶

> **シドニーのシンボルとなった個性的なオペラハウス**

　シドニー湾の先端ベネロング・ポイント★に位置し、積み重ねた貝殻に似た独特の形からシドニーのシンボルとなっているコンサートホールや歌劇場。海辺の風景との調和がとれた美しさや都市彫刻ともいうべき完成度の高さから、近代建築の代表作のひとつとされる。設計案は世界中から募集され、最終的にデンマークの建築家**ヨーン・ウッツォン**の案が採用された。しかし特殊なデザインのため工事は難航して建設費がかさみ、ウッツォンは設計監督を辞任することになった。その後、着工から14年かけて1973年に完成。これは現在、**世界遺産に登録されている単体の建築物のなかで最も新しいもの**である。

独特なデザインのシドニー・オペラハウス

トランスバウンダリー・サイト：国境を越えて複数の国々が保有する遺産。　**Museum of Unlimited Growth**：無限成長美術館　**ベネロング・ポイント**：白人入植者とアボリジニの橋渡しをした先住民アボリジニの人物名ベネロングにちなんだ地名。

2-9 信仰の山

静岡県、山梨県

富士山―信仰の対象と芸術の源泉
Fujisan, sacred place and source of artistic inspiration

[文化遺産]

登録年 **2013年** 　登録基準 **(iii)(vi)** ▶

❱ 信仰の山としての富士山

　日本を代表する山「富士山」は、日本で一番標高の高い山であるとともに、古くから日本人の精神・文化面を支える山でもあった。度重なる火山噴火によって、現在のような円錐形の美しい**成層火山**となった。その荘厳な姿や火山との共生を基盤として、様々な富士山信仰が形づくられた。富士山は山そのものが神聖視され、遠くから拝む「遥拝」だけでなく、信仰を目的として山自体に登る「登拝」が行われてきた点も特徴で、巡礼として富士山を集団で登拝する「**富士講**」は、江戸時代に庶民の間でも盛行した。富士山や山麓に神社や寺院、巡礼路などがつくられたほか、富士五湖や湧水、溶岩樹型などを霊地や巡礼地とする信仰も広がった。富士講の広がりとともに、御師と呼ばれる人々が巡礼者の宿坊の手配や富士山巡礼の手配や案内を行うようになった。

　富士山は、その端正な美しさからくる神々しさにより、日本最古の歌集『万葉集』や日本最古の物語とされる『竹取物語』など、様々な和歌や物語、絵画の題材に取り上げられてきた。12世紀後半になると、政治の中心が鎌倉に移り、京都と鎌倉を結ぶ街道の往来が増えたため、富士山の情報が多くの人に共有されるようになった。江戸時代には、歌川広重の「東海道五十三次」や葛飾北斎の「富嶽三十六景」などの題材として多く描かれ、19世紀後半にはこうした浮世絵を通じてフランス印象派などにも大きな影響を与えた。

　現在、レジャーとしての富士登山が急激に増加したために、富士山周辺の環境悪化も問題となっており、入山規制や景観保護などの施策がとられている。

地理にリンク　**成層火山はどうやってできるのか？**

　成層火山は、粘度の低い溶岩や火山から噴き出た堆積物が積み重なってできる。富士山のように噴火ごとに堆積して円錐形になる山もあれば、御嶽山（長野県）のように、側火山の噴火によって横に大きくなった火山もある。

1

2

日本の世界遺産

静岡県側から見た富士山と茶畑

> 📖 **英語で読んでみよう！** Fujisan, the highest mountain in Japan, has come to symbolize Japan. It has exerted* great influence on the Japanese culture as a symbol of religious belief from ancient times.

トンガリロ国立公園
Tongariro National Park

［複合遺産］　登録年 **1990年／1993年範囲拡大**　登録基準 **(vi)(vii)(viii)**

オーストラリア

トンガリロ
国立公園

ウェリントン
ニュージーランド

❷ 先住民マオリの守る聖なる火山

　トンガリロ国立公園にはトンガリロ山、ナウルホエ山、ルアペフ山の３つの活火山が点在し、火山地帯特有の壮大な景観が広がっている。国鳥のキウイなど様々な動植物が生息しており、当初は自然遺産として世界遺産登録された。

　この一帯は先住民**マオリ***の聖地であり、古くから信仰の対象として崇められてきた。英国の植民地になると、入植者の乱開発を防ぐ目的で政府に土地が寄贈され、1894年にニュージーランド初の国立公園に指定された。1993年、マオリの文化との深い結びつきが評価されて**世界で初めて「文化的景観」の価値が認められ**、複合遺産となった。

トンガリロ国立公園のルアペフ山

exert：及ぼす　**マオリ**：おもにニュージーランド北島に居住する先住民。ポリネシア語系のマオリ語を話す。

伝統的集落

岐阜県、富山県

白川郷・五箇山の合掌造り集落
Historic Villages of Shirakawa-go and Gokayama

[文化遺産]

登録年 **1995年** 登録基準 **(iv)(v)** ▶

❷日本有数の豪雪地域に立ち並ぶ独自の家屋

　白川郷・五箇山の合掌造り集落は、岐阜県大野郡白川村荻町（白川郷）と富山県南砺市相倉、菅沼（五箇山）にある。世界遺産に登録された合掌造り家屋は、荻町集落59棟、相倉集落20棟、菅沼集落9棟である。

　白山の東側、庄川流域に位置するこの地は日本有数の豪雪地帯であり、農耕には不向きであったため、養蚕や紙漉き、火薬の原料となる**塩硝**★の生産といった地場産業がさかんになった。また、伝統的に住民が10～30人で暮らす**大家族制**が守られており、商品生産の空間と大家族の居住性を確保するために、合掌造りの家屋は3～5階建てと大きく、一般の日本家屋に比べて床面積も広い。

　合掌造りには、厳しい自然環境で暮らすための工夫がみられる。急勾配の茅葺き屋根は、雪を滑り落とすだけでなく、月の平均雨量が180mmに達する地域の風土に合わせて水はけをよくする効果がある。また、雪の重さを逃がすため、部材の結合部は釘などの金属を一切使用せずに太い柱と大小の丸太材を縄で縛っている。屋根は30～40年に一度葺き替えられるが、その作業は古くから続く「結」という互助組織によって行われている。現在は、観光客増加にともなう地域住民の日常生活への影響や景観悪化などが保全の課題となっている。

> 📖 英語で読んでみよう！ Shirakawa-go and Gokayama lie in one of the heaviest snowfall areas in Japan. The unique Gassho-style shape of the farmhouses is adapted to the severe natural environment. Due to a tradition of large families and the need for a large work space for traditional industry, the size of each house is quite big.

歴史にリンク **和紙**

　日本に紙漉きの技術が伝わったのは、7世紀初めとされる。8世紀になると各地でさかんに紙がつくられるようになり、平城京の市で売買された。中世以後は生産量も増え、紙座が生産・流通に携わるようになった。2014年にはユネスコ無形文化遺産に登録された。

両手のひらを合わせたような外見からその名がついた合掌造り

| イタリア共和国 |

アルベロベッロのトゥルッリ
The *Trulli* of Alberobello

[文化遺産]　登録年 ▶ **1996年**　登録基準 ▶ (iii)(iv)(v)

❯ 特徴的なとんがり屋根

　アルベロベッロのトゥルッリはイタリア南部、プーリア州だけにみられる白い壁と円錐形の屋根をもつ住宅である。16～17世紀、開拓農民用の住居としてつくられた。円錐状の石屋根に部屋はひとつのみで、この一部屋分を**トゥルッロ**という（複数形がトゥルッリ）。壁は石灰岩の切り石を積み重ね、漆喰で白く塗り固められているが、屋根部分は平らな石を積み重ねただけである。屋根には降った雨を一ヵ所に集め、床下の井戸にためる工夫がこらされている。

　こうした独特な形の家屋は、**節税対策**の面もあったとの説がある。かつて「漆喰で塗装された屋根のある部屋」に課税されていたため、この地の領主は王の

徴税人が来ると住民に屋根を取り外させ「家ではない」と主張したという。

　旧市街には約1,000軒のトゥルッリが残り、今も人が住んでいるが、石積みの技術が失われつつあるなど保存には課題も残る。

トゥルッリが立ち並ぶ街並

塩硝：火薬の原料。白川郷・五箇山では床下の穴に雑草と蚕の糞、土を混ぜ合わせたものを入れ、3～4年間そのまま土壌分解させてつくっていた。

京都府、滋賀県

古都京都の文化財

Historic Monuments of Ancient Kyoto (Kyoto, Uji and Otsu Cities)

文化遺産　登録年 **1994年**　登録基準 **(ii)(iv)** ▶

古都京都の文化財

❷ 人々が守り伝えた古都の文化財

　京都は、794年の**平安京遷都**から明治維新で東京に遷都される1869年まで、日本の政治・文化の中心地であった。1,000年以上にわたり、政争や人々の営みの舞台となってきた街は、激動の歴史を経てきた。慈照寺(銀閣寺)★を建立した室町幕府将軍 足利義政の後継者争いに端を発する**応仁の乱**(1467〜77年)の戦火により、京都の市街地は焼け野原と化し、仁和寺をはじめ多くの寺院が焼失した。天下統一をめざし京都に拠点をかまえていた織田信長は、1571年に、対立関係にあった比叡山延暦寺(滋賀県大津市)を焼き討ちし、ほぼ全焼させている。

　火災によって焼失している寺社も多く、空海が広めた真言宗の拠点である教王護国寺(東寺)、征夷大将軍 坂上田村麻呂が建てたとされる清水寺、足利義満が建てた鹿苑寺(金閣寺)なども、火災で焼失した歴史をもつ。しかし、いずれも時の権力者や京都の人々の手で創建当初の姿で再建・保存され、現在に至っている。その文化的価値が高い評価を受け、平安京遷都から1,200年の節目となる1994年、『古都京都の文化財』として京都と滋賀に点在する17の寺社・城が世界遺産に登録された。そこには、大政奉還の舞台として歴史の転換点に大きくかかわった二条城や、イギリスのエリザベス女王が石庭を絶賛したことで世界的に知られた龍安寺なども含まれる。

　京都では、17の構成資産の周囲だけでなく、古都全体の景観を保全するため、2007年より「京都府景観条例」を施行し、景観保護に努めている。

歴史にリンク ▶ **わずか10年で断念……幻の長岡京**

仏教勢力の介入で混乱した政治を一新するため、784年、桓武天皇は平城京を離れ、京都市南西の長岡京への遷都を断行。しかし、新都造営の担当者が殺害されるなど、不穏なできごとが続き、わずか10年で平安京へ遷都されることになった。

● おもな文化財の再建記録

文化財	創建	損壊の理由	再建
教王護国寺（東寺）	796 年	火災（1486年ほか数回）	1603 年（金堂）
清水寺	778 年	延暦寺との抗争など	1633 年（本堂）
延暦寺	788 年	織田信長の焼き討ち	16 世紀以降
仁和寺	888 年	応仁の乱による火災	17 世紀中ごろ
鹿苑寺（金閣寺）	1397 年	放火による火災	1955 年

※再建年は、現在の建物が再建された時期

鹿苑寺の鏡湖池と金閣

●『古都京都の文化財』と『パリのセーヌ河岸*』の文化遺産を比較する

類似点：長い年月にわたって、政治・文化の中心（首都）であり続けた点。
また、現在でもそれぞれの国を代表する文化の中心地である点。

相違点：京都が**個別の物件で登録**されているのに対し、パリは街並も含めた
エリアで登録されている点。

英語で読んでみよう！ In Kyoto, the center of the Japanese politics and culture for the past 1,200 years, there remain numerous temples and shrines along with gardens that represent Japanese culture in each era. Kyoto has often suffered from wars and fires in the past, but the city has been rebuilt again and again, thus preserving its unique cultural heritage.

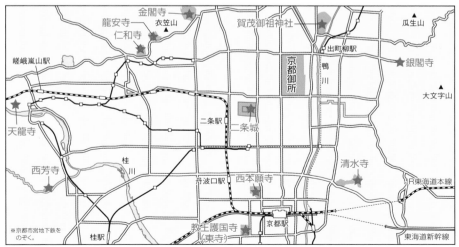

● 古都京都のおもな文化財

慈照寺（銀閣寺）：もとは足利義政の別荘。義政の死後、禅寺となった。　**パリのセーヌ河岸**：P.112 参照。

2-12 時代を代表する都

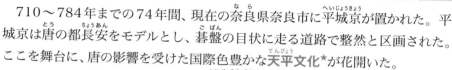

奈良県

古都奈良の文化財
Historic Monuments of Ancient Nara

[文化遺産]　登録年 **1998年**　登録基準 **(ii)(iii)(iv)(vi)**　▶

▶ 国際色豊かな古都

　710〜784年までの74年間、現在の奈良県奈良市に平城京が置かれた。平城京は唐の都長安をモデルとし、碁盤の目状に走る道路で整然と区画された。ここを舞台に、唐の影響を受けた国際色豊かな**天平文化★**が花開いた。

　世界遺産に登録されているのは、平城宮跡や東大寺、春日大社など8資産。奈良時代の木造建築技術が文化・芸術的に高い水準にあった点、自然崇拝に基づく日本人の宗教観を示す点、律令体制など日本の社会・政治体制が確立してゆく過程を伝えている点などが評価された。

　8世紀前半は不安定な政治情勢が続き、飢饉や疫病も広がった。そこで、**聖武天皇**は仏教の力によって国家の安定をはかろうとし、743年に盧舎那仏坐像（大仏）建立を命じた。東大寺にはこの盧舎那仏坐像を安置する世界最大級の木造建築である金堂（大仏殿）をはじめ、聖武天皇ゆかりの品々を納めていた校倉造りの正倉院正倉（宝庫）★、南大門、法華堂（三月堂）などが残る。

　失明するなど度重なる失敗を乗り越えて来日した唐の高僧である鑑真は、759年に修行の道場として唐招提寺を開き、正式な僧となるための戒律を伝えた。唐招提寺の金堂は、奈良時代の金堂建築として唯一残るものである。

　この時代の仏教は、国家が積極的に保護したことから大いに栄えたが、次第に仏教勢力が政治に関与するようになり、その弊害が目につくようになった。そのため桓武天皇は、仏教勢力と距離をおく意味もあり、784年に長岡京へ遷都すると、そのわずか10年後の794年に平安京へ遷都した。

[歴史にリンク] **聖武天皇と 詔**

　聖武天皇は大仏造立の詔（天皇の命令）で人々の思いの集大成として大仏を建立することを望み、記録では当時の総人口の約半数にあたる延べ260万人が協力したとされる。752年の盧舎那仏開眼供養会には約1万人が集まった。

1

2

日本の世界遺産

薬師寺の三重塔。左は西塔、右は東塔

▶『古都奈良の文化財』と『ローマの歴史地区★』の文化遺産を比較する

類似点：古代国家の政治・文化の中心地（首都）であり、特定の時代に繁栄した独自の文化が残っている点。また現在の国の基礎となっている点。

相違点：奈良が**個別の物件で登録**されているのに対し、ローマは街並も含めたエリアで登録されている点。

📖 英語で読んでみよう！ With Heijo-kyo was built in the 8th century modeled after the ancient Chinese Tang★ capital, the internationally rich Tenpyo culture prospered. Temples and shrines were constructed with a high level of wooden building technology, which suggests the influence of China and the Korean Peninsula.

● 古都奈良のおもな文化財 ※現在の奈良市の中心は平城京の中心からずれている

天平文化：貴族的で仏教の色彩が強い8世紀の奈良時代の文化。　**正倉院正倉（宝庫）**：螺鈿紫檀五絃琵琶など、ペルシアや西域文化の影響が認められる宝物が現在は東西の宝庫に納められている。　**ローマの歴史地区**：P.090参照。　**Tang**：唐

文化交流

法隆寺地域の仏教建造物群
Buddhist Monuments in the Horyu-ji Area

文化遺産　登録年 ▶ 1993年　登録基準 ▶ (i)(ii)(iv)(vi)　

❂ 大陸の文化を伝える最古の木造建築群

　奈良県生駒郡斑鳩町にある法隆寺地域の仏教建造物群は、7〜8世紀にかけてつくられた**現存する世界最古の木造建造物群**である。日本で最初の世界遺産のひとつとして、法隆寺にある47の建造物と法起寺の三重塔の計48棟が登録範囲に含まれる。世界最古級の木造建築物は11棟を数える。

　斑鳩では7世紀前半に仏教を中心とする飛鳥文化が花開いた。この文化は南北朝時代の中国や、百済・高句麗といった朝鮮半島から強く影響を受けたもので、一連の建造物群の様式からもその傾向がわかる。

　法隆寺は、607年に厩戸王(聖徳太子)と推古天皇が建立した若草伽藍(斑鳩寺)を起源とする。670年に落雷で焼失したが、8世紀初頭に再建された。西院伽藍には現存する世界最古の木造建造物である**金堂**や、8世紀に完成した五重塔が立ち並び、回廊によって囲まれている。この回廊などの円柱は、古代ギリシャ建築などで用いられた**エンタシス**と呼ばれる中央がふくらんだ形になっている。東院伽藍には回廊の中央に八角形状の夢殿があり、厩戸王を模してつくられたと伝わる秘仏の救世観音菩薩立像が納められている。

　法起寺は、厩戸王の遺言で建てられた寺を起源とし、7世紀に創建された。16世紀末の戦乱で焼失したため、創建時の姿で残されているのは三重塔のみ。三重塔は706年の完成とされ、日本最古の三重塔である。世界最古の木造の塔とされていたが、近年の研究では法隆寺五重塔のほうが着工が早かったと考えられている。

歴史にリンク　**忍冬唐草文様**

　花や葉がついたつるが絡みあって連続する文様。エジプトやアッシリアを起源とし、ギリシア、ペルシア、中国西域に伝わった。日本には仏教美術として中国からもたらされ、法隆寺所蔵の玉虫厨子などで目にすることができる。

📖 英語で読んでみよう！

Horyu-ji temple and Hoki-ji temple have a profound connection to Umayado-Oh who is known as Prince Shotoku. The Buddhist monuments of these temples are the oldest wooden structures in existence in the world. They were built between the 7ᵗʰ and 8ᵗʰ centuries.

法隆寺の西院伽藍

ウズベキスタン共和国 ••••••••••••••••••••••••••••••••••••••

文化交差路サマルカンド

Samarkand-Crossroad of Cultures

文化遺産　｜　登録年 ▶ 2001年　｜　登録基準 ▶ (i) (ii) (iv)

カザフスタン
タシケント
ウズベキスタン　キルギス
トルクメニスタン　タジキスタン
文化交差路サマルカンド
イラン　アフガニスタン
パキスタン

❯ シルク・ロードに栄えた東西交通の要衝

　サマルカンドは、前7世紀から知られる中央アジア最古の都市である。**シルク・ロード**のほぼ中央に位置するオアシス都市として栄え、アレクサンドロス大王★や唐の高僧である玄奘(げんじょう)がその美しさをたたえている。

　8世紀にイスラム化が進み13世紀初頭にホラズム・シャー朝★の首都となったが、モンゴル帝国のチンギス・ハンによって破壊された。1370年に**ティムール朝**の首都として再興すると、世界各地から学者や芸術家、職人が集められて壮麗なモスクやマドラサ(学院)が建設された。建物はサマルカンド・ブルーと呼ばれる青色のタイルで彩られ、サマルカンドは「青の都」と呼ばれた。しかし、16世紀にティムール朝が崩壊したことや、海運の発達によってシルク・ロードの重要性が低下したことで、都市は衰えた。

「人々が出会う街」という意味のサマルカンドにあるシェル・ドル・マドラサ

アレクサンドロス大王：マケドニア王。東方遠征を行ってアケメネス朝ペルシアを撃破し、ギリシャ、エジプト、西インドにまたがる大帝国を建設した。　**ホラズム・シャー朝**：セルジューク朝のトルコ人奴隷出身者が11世紀に築いたイスラム国家。

2-14 道の遺産

文化的景観　三重県、奈良県、和歌山県 ………………………

紀伊山地の霊場と参詣道
Sacred Sites and Pilgrimage Routes in the Kii Mountain Range

文化遺産　登録年 2004年／2016年範囲変更　登録基準 (ii)(iii)(iv)(vi) ▶

紀伊山地の霊場と
参詣道

❯ 日本の宗教文化が一堂に会する霊場

　「吉野・大峯」「熊野三山」「高野山」の３つの霊場は、三重県と奈良県、和歌山県にまたがる紀伊山地の自然の中にある。各霊場の建造物と自然環境が一体になった景観が守られていることが評価され、**日本で初めて「文化的景観」の概念が認められた。** また2016年には参詣道を中心に登録範囲が拡大変更された。

　吉野・大峯は修験道の聖地で、役行者★が開いたと伝わる金峯山寺が根本道場。桜で有名な吉野山や、源 義経と後醍醐天皇ゆかりの吉水神社がある。熊野三山は熊野本宮大社、熊野速玉大社、熊野那智大社の三大社の総称で、**神仏習合**により阿弥陀信仰や浄土信仰と結びつくことで霊場となった。高野山は、日本に真言密教をもたらした空海が開いた金剛峯寺を中心とする霊場で、山上には117もの子院が立ち並び、一大宗教都市となっている。

　３つの霊場を結ぶ参詣道も登録されている。大峯奥駈道は吉野・大峯と熊野三山を結び、この道を踏破する「**奥駈**」は修験道で重要な修行とされる。熊野三山に参詣する熊野参詣道は熊野古道とも呼ばれる、大辺路や中辺路、小辺路、伊勢路などの総称。高野参詣道は高野山山麓にある慈尊院から空海の墓所がある奥の院へ至る道のほか、丹生都比売神社を通る三谷坂や女人道を含む。

> 📖 英語で読んでみよう！　The property consists of three sacred sites in the Kii Mountain Range and the pilgrimage routes to link those sites, which reflects the religious fusion of Shintoism and Buddhism. The buildings blend in so well with the natural environment that the value of the cultural landscape was recognized for the first time in Japan.

歴史にリンク　**熊野詣**

　末法思想を背景に、上皇や貴族は極楽往生を願ってしばしば熊野をめざした。やがて熊野信仰は武士や一般庶民にまで広がりをみせ、「蟻の熊野詣」という言葉が生まれるほど多くの参詣者を引きつけた。

1
2

日本の世界遺産

● 紀伊山地の霊場と参詣道のおもな登録物件

吉野・大峯
吉野山、金峯山寺、大峰山寺、吉野水分神社、吉水神社

熊野三山
熊野本宮大社、熊野速玉大社、熊野那智大社、那智大滝、補陀洛山寺、青岸渡寺、那智原始林

高野山
金剛峯寺、丹生都比売神社、慈尊院

参詣道
大峯奥駈道、熊野参詣道、高野参詣道

山間を通る熊野古道

スペイン

 サンティアゴ・デ・コンポステーラの巡礼路：カミノ・フランセスとスペイン北部の道
Routes of Santiago de Compostela: *Camino Francés* and Routes of Northern Spain

[文化遺産] ┃ 登録年 **1993年／2015年範囲拡大** ┃ 登録基準 **(ii)(iv)(vi)**

サンティアゴ・デ・コンポステーラの巡礼路

❷ 文化も行き交った巡礼の道

　スペイン北西部にあるサンティアゴ・デ・コンポステーラは**聖ヤコブ**を祀る、ヴァティカン、エルサレムと並ぶキリスト教三大巡礼地のひとつである。

　巡礼には民間人や王侯貴族も参加し、最盛期の12世紀には年間50万人が巡礼を行ったという。また、この道を商人や職人なども行き交い、ヨーロッパ中の文化や知識の交流がなされた。巡礼者の中に建築士や石工もいたため、街道沿いにはロマネスク様式を中心とする聖堂や修道院が建てられた。

　スペイン北部を東西に貫く「**道の遺産**」であり、当初登録された「カミノ・フランセス（フランス人の道）」に加え、2015年には海辺や内陸バスク地方を通る「スペイン北部の道」も拡大登録された。登録範囲には巡礼路のほか、サンティアゴ・デ・コンポステーラの大聖堂やブルゴスの大聖堂など、単独で世界遺産登録されている遺産も含まれている。

ホタテ貝が巡礼のシンボルになっている

役行者：役小角ともいう。大和国葛城山に住んだ呪術者で、修験道の開祖とされる。

百舌鳥・古市古墳群
Mozu–Furuichi Kofun Group:Mounded Tombs of Ancient Japan

文化遺産　登録年 **2019年／2023年範囲変更**　登録基準 **(iii)(iv)**　▶

京都府
兵庫県
大阪
百舌鳥・古市
三重県
大阪府
奈良県
和歌山県
徳島県

❯ 古墳時代★の社会構造を伝える古墳群

　百舌鳥・古市古墳群は、大阪府堺市の百舌鳥エリアおよび藤井寺市・羽曳野市の古市エリアにある45件49基★の大小さまざまな古墳で構成されている。これらの古墳は4世紀後半〜6世紀前半にかけて築造され、主な古墳の形は、鍵穴型の「**前方後円墳**」、帆立貝の形をした「**帆立貝形墳**」、ドーム型の「**円墳**」、四角形の「**方墳**」の4種類である。こうした形などから、古墳が幾何学的にデザインされた葬送儀礼の舞台であったことがうかがえる。

　百舌鳥エリアには、100基を超える古墳が造られていたが都市化の進展などで多くが失われ、現在44基の古墳が残る。構成資産には、全長約486m、高さ約35.8mの日本最大規模の前方後円墳である「**仁徳天皇陵古墳（大仙古墳）**」や履中天皇陵古墳（ミサンザイ古墳）など23基が含まれている。

　古市エリアには、日本第2の大きさを誇る前方後円墳の応神天皇陵古墳（誉田御廟山古墳）、津堂城山古墳、方墳の助太山古墳や中山塚古墳、八島塚古墳、など130基を越える古墳が造られていた。現在残る45基の古墳のうち26基が構成資産に含まれている。

　両地域の古墳が造られたのは、日本各地の有力者が連合した政治権力のヤマト王権が成立し、日本列島の中心に位置する現在の奈良県と大阪府の一帯に勢力の中心があった時代と考えられている。巨大古墳の周りに中小の古墳が配され、**古墳時代の政治的・社会的な権力構造を示している。**また古墳群の面する大阪湾は、大陸に向かう交易航路の発着点であり、巨大な古墳は交易相手で

歴史にリンク　倭の五王

　5世紀を中心に讃・珍・済・興・武という5人の倭国の王（日本列島にあった政治勢力の長）が、宋などに朝貢したことが『宋書』などに記されているが、日本の史料には登場しない。讃・珍にあたる王として、応神天皇や仁徳天皇が推定されている。

英語で読んでみよう！

The Mozu-Furuichi Kofun Group is a tomb group of the kings' clans and affiliates that ruled the ancient Japanese archipelago. It consists of 49 kofun which means "old burial★ mounds" in Japanese. They demonstrate an outstanding type of ancient East Asian burial mound construction.

履中天皇陵古墳（ミサンザイ古墳）と仁徳天皇陵古墳（大仙古墳）

あった朝鮮半島や中国の人々に対して大きな権力の存在を示すという意味があったと考えられている。埴輪や装身具、鉄製の馬具や武器などの副葬品には、活発な交流があった大陸の影響が見られる。

北朝鮮（朝鮮民主主義人民共和国）

 高句麗古墳群
Complex of Koguryo Tombs

文化遺産　登録年 **2004**年　登録基準 (i)(ii)(iii)(iv)

中国　北朝鮮　高句麗古墳群　ピョンヤン　ソウル　韓国　日本海　黄海　日本

❯ 高松塚古墳の女性像と酷似

朝鮮半島北部から中国東北部を支配した**高句麗**（前1世紀ごろ〜668）は、4世紀半ばから新羅、百済とともに朝鮮の三国時代を形成した。北朝鮮の首都平壌近くの高句麗古墳群は、高句麗の中・後期に建造された63基からなる古墳群で、そのうち16基には美しい壁画がみられる。

古墳に残る壁画は、王を先頭とする華やかな行列や馬にまたがり狩りをする姿、台所での調理の様子など多岐にわたる。なかには、**高松塚古墳**★の女性像とよく似た壁画もあり、東アジアにおける高句麗の影響力がうかがえる。

古墳内に残る壁画

古墳時代：弥生時代に続く3世紀中ごろから7世紀、多くの古墳が築造された時代。　**45件49基**：大きな古墳は周囲の小さな古墳と合わせて1件と数えているため、資産数（45件）と古墳数（49基）が異なる。　**burial**：埋葬　**高松塚古墳**：奈良県明日香村で発見された藤原京時代（694〜710年）の古墳。暫定リスト記載の「飛鳥・藤原の宮都とその関連資産群」の構成資産である。

兵庫県

姫路城
Himeji-jo

文化遺産 | 登録年 **1993年** | 登録基準 **(i)(iv)** | ▶

日本海
鳥取県
京都府
岡山県 兵庫県
神戸
大阪府
瀬戸
内海
香川県 姫路城
徳島県

▶ 日本の木造城郭建築の傑作

　姫路城は、兵庫県姫路市にある標高46mほどの小高い丘陵、姫山にそびえる平山城である。大天守は外観が5層、内部が7階(地上6階、地下1階)に分かれ、白漆喰と総塗籠の外壁に覆われた美しい姿から「白鷺城★」の別名がある。上にいくほど反り上がる「扇の勾配」と呼ばれる石垣に囲まれ、螺旋状に入り組んだ曲輪★や狭間★、石落としなどの仕掛け、様々な形状の複雑な門などが敵を迎え撃つ。外観の美しさと城としての実用性を兼ね備え、日本の木造城郭建築の代表例として世界遺産に登録された。

　1333年に赤松則村が築いた砦が起源とされる。16世紀後半に羽柴秀吉(のちの豊臣秀吉)が入城すると、毛利氏との戦いに備えて本格的な改修を行い、3層の天守閣を築いた。さらに関ヶ原の戦い(1600年)の後に城主となった池田輝政が9年に及ぶ大改修を行い、現在の姿に整えられた。池田氏の後に入った本多忠政が築いた西の丸は、長男の忠刻とその妻千姫も住居としている。1869年に国有となった。

　1615年の徳川幕府による大名統制策である**一国一城令**や、明治維新時の廃城令、さらに第二次世界大戦の空襲など破壊の危機を乗り越えた姫路城は、1956年から8ヵ年計画で天守閣の解体修理などの大工事「昭和の大修理」が行われた。2009年からは、5年半に及ぶ天守の保全修復工事である「平成の大修理」が行われ、「白鷺城」の名にふさわしい白漆喰の姿が蘇った。この修復工事は文化財保全の関心を高めるため、修復現場が一般に公開された。

歴史にリンク ▶ **山城から平城へ**

　中世の城は敵の襲来を防ぐのに有利な山頂や山腹に築かれ(山城)、軍事施設という性格が強かった。その後、安土桃山～江戸時代になると、政治や経済の中心地としての性格が重視されて、平地を臨む丘陵上の平山城や平地の平城に移った。

英語で読んでみよう!

Himeji-jo is a structure representing Japanese wooden castles. It is also named "Shirasagi-jo" (White Heron Castle) for its beautiful white plastered outer walls. Throughout its history it was often repaired and extended and in Showa and Heisei eras, too, massive repair works were carried out★.

平成の大修理では屋根瓦も新しくなった

フランス共和国

カルカッソンヌの歴史的城塞都市
Historic Fortified City of Carcassonne

文化遺産　登録年 **1997年**　登録基準 (ii)(iv) ▶

▶ ヨーロッパ最大規模の城壁

　ピレネー山脈を挟んでスペインに近いカルカッソンヌは、古くから地中海と大西洋を結ぶ交易拠点として栄えた。姫路城とカルカッソンヌの城塞都市は、木造城郭と石造りの城郭という違いだけではなく、城の周囲に城下町が築かれる日本の城塞都市と、**城壁が城館や街全体を囲む**ヨーロッパの城塞都市という違いをもつ。

　最初の城壁は古代ローマ時代に築かれ、13世紀半ばのルイ9世の時代にアラゴン王国に対する防御として外側に増築された。約3kmにわたって都市を囲んでいる。1659年に**ピレネー条約**が締結されてフランス・スペイン間の国境が画定すると、戦略上の意義を失い内外二重の城壁は次第に風化していったが、1844年になって城壁の歴史的価値が見直され、修復プロジェクトが1910年まで続けられた。これにより、伯爵の城(シャトー・コンタル)やサン・ナゼール大聖堂など、中世の城塞都市の面影が残された。

修復されたカルカッソンヌの城壁

白鷺城:「はくろじょう」とも呼ばれる。　曲輪:城の敷地内に土石を囲いつくられる区画のこと。主要なものは「本丸」や「二の丸」などとも呼ばれる。　狭間:天守の壁や塀にあけられた、矢や鉄砲を撃ちかけるための穴。　**carried out**:実行する

銀鉱山関連の産業遺産

文化的景観 島根県 ....

石見銀山遺跡とその文化的景観
Iwami Ginzan Silver Mine and its Cultural Landscape

文化遺産

登録年 2007年／2010年範囲変更 　登録基準 (ii)(iii)(v) ▶

日本海
石見銀山遺跡と
その文化的景観
松江　鳥取県
島根県　岡山県
広島県
山口県

❯ 豊かな銀山をとりまく自然と人々の営み

　17世紀ごろの日本は全世界の銀産出量の3分の1に相当する量の銀を産出していたと考えられ、東アジア以外にポルトガルやスペイン商人を介してヨーロッパへも輸出された。その多くが島根県の山間にある石見銀山（いわみぎんざん）で採掘された。世界遺産に登録されたのは、銀生産に直接かかわる「鉱山と鉱山町」（間歩（まぶ）と呼ばれる手掘りの坑道や代官所跡をはじめとする伝統家屋、寺社）、銀や物資を運搬する「街道」（石見銀山街道）、物資を搬出入する「港と港町」（鞆ケ浦（ともがうら）・沖泊（おきどまり）・温泉津（ゆのつ））である。また周囲の自然は、銀の精錬に必要な薪炭材の供給源として守られた。このように社会基盤整備も含めた鉱山運営の全体像や変遷を示している点が**産業遺産**として評価された。

　石見銀山は14世紀初頭に大内氏（おおうちし）★が最初に発見したと伝えられる。その後、16世紀に博多商人の神屋寿禎（かみやじゅてい）が朝鮮半島から技術者を招き、新しい精錬技術である**灰吹法（はいふきほう）**★を導入した。これによって良質な銀を大量に生産できるようになり、最盛期の17世紀初頭には推計で年間約40tを産出するようになった。この宝の山の領有を巡って、戦国時代には大内氏・尼子氏（あまごし）・毛利氏（もうりし）がしばしば争ったが、江戸時代に入ると幕府の直轄地となり重要な財源のひとつとなった。それに合わせて周辺の街も整備された。しかし、江戸時代に「鎖国」と呼ばれる海禁政策をとっていた日本は、ヨーロッパの産業革命によって生み出された新技術の導入が遅れ、また寛永年間（かんえい）（1624〜1644年）以降は徐々に採掘量が減少したこともあり、石見銀山は大正時代に休山となった。

歴史にリンク ▶ **ヨーロッパの価格革命**

　新大陸の鉱山で採掘された銀がヨーロッパに流入したため、16世紀半ば以降銀の価格が下落し、激しいインフレーションが起こった。これにより、商工業が活発になる一方で、固定した地代収入に頼っていた領主層が打撃を受け、封建社会が解体していった。

全長600mの龍源寺間歩（りゅうげんじまぶ）

危機遺産 | ボリビア多民族国

ポトシの市街
City of Potosí

文化遺産 | 登録年 1987年／2014年危機遺産登録 | 登録基準 (ii) (iv) (vi)

❯ ヨーロッパ経済を変貌させた世界最大級の銀山

　アンデス山脈の中腹4,070mの高地にあるポトシで1545年に発見された世界最大級の銀鉱脈は、ヨーロッパに**価格革命**を起こす要因となった。

　「セロ・リコ（富の山）」と名づけられた銀山を運営するため、1569年にスペイン国王フェリペ2世★は総督フランシスコ・デ・トレドを派遣し、都市の整備を進めた。水銀を用いた最新の精錬技術**アマルガム法**が取り入れられ、17世紀半ばまでの約100年間で世界の銀産出量の半分を産出し、王立造幣局でつくられた銀は世界中に流通した。しかし、その繁栄の裏ではインディオやアフリカ人奴隷が採掘作業を強いられていた。18世紀に入ると銀の産出量は減少し、ボリビア独立戦争が終わる19世紀半ばには枯渇して街は衰退した。

　市街にはスペインのバロック様式と先住民の文化要素が融合したメスティソ様式の教会などが残る。2014年には鉱山管理の不備により危機遺産リストに記載された。

ポトシの街並

大内氏：南北朝時代から室町時代にかけての守護大名。　**灰吹法**：鉱石を一度鉛に溶かしてから銀を取り出す精錬法。
ore：鉱石　**フェリペ2世**：レパントの海戦でオスマン帝国に勝利し、スペイン絶対王政の最盛期を築いた。

海に囲まれた遺産

厳島神社
Itsukushima Shinto Shrine

文化遺産　登録年 **1996年**　登録基準 (i)(ii)(iv)(vi) ▶

❯ 自然と一体の神社建築

　瀬戸内海の広島湾に浮かぶ厳島には、593年創建と伝わる厳島神社が残る。厳島は古くから神道の聖地で、厳島神社は海上鎮護の神を祀る神社としてあがめられてきた。平安時代末期に**平清盛**の篤い信仰を受けて社殿が整えられ、1168年ごろに今日の姿になったとされる。度重なる水害や火災から、戦国時代には毛利元就の援助を受け再興された。世界遺産には厳島神社に加えて、社殿前面の海と背後にある緑豊かな**弥山**も登録され、日本人の信仰の形や美意識を示す景観として評価された。

　厳島神社は両流造りの本社本殿を中心に、客神社や能舞台などの建物を回廊で結ぶ寝殿造り★の形式が取り入れられている。海上に立つ高さ約16mの大鳥居は4本の控え柱で支える「**両部鳥居**」という形式で、柱の根本は土に埋まっておらず、自重で立っている。また大鳥居の屋根の部分には、経文の書かれた多くの石が詰められ、重石となっている。日本で唯一の海に浮かぶ能舞台は、通常であれば床下に置かれる共鳴用の甕がなく、床板を大きく張り出させることで、足拍子がよく響くように工夫されている。

　社殿が海上にあり台風や高波、高潮などの被害を受けやすいため、回廊や平舞台などの床板は強く固定されておらず、水位が上昇すると外れるようになっている。さらに台風上陸の際にはロープで固定され、流失した古部材も修復に備えて回収される。その後の修復作業では、新たに補う部材と古材を違和感なく組み合わせるために、「古色塗り」などの塗装技法が用いられている。

歴史にリンク 『**平家納経**』

　1164年に平清盛は、一門の繁栄を祈願して法華経など計33巻を厳島神社に奉納した。水晶の軸首や金銀で彩色された表紙、見返しに描かれた極彩色の大和絵など豪華絢爛で、院政期の文化を知る資料として価値が高い。

📖 英語で読んでみよう！

The shrine rises over the water of the Seto Inland Sea. The scenery composed of the shrine, the sea and Mount Misen in the background, considered as one unit, reflects the religion and the aesthetic sense of Japanese people.

主柱に楠の自然木を用いた大鳥居は60t近い重さがある

フランス共和国

🏛 **モン・サン・ミシェルとその湾**
Mont-Saint-Michel and its Bay

[文化遺産]　登録年 **1979年／2007年、2018年範囲変更**　登録基準 (i)(iii)(vi)　▶

❯ 多くの巡礼者をひきつける聖なる山

　モン・サン・ミシェルはフランス北西部ノルマンディー地方のモン・サン・ミシェル湾にある。伝説では708年、司教オベールの夢に大天使ミカエルが現れ、当時陸続きだった岩山に聖堂を建立せよと告げた。お告げに従うと、岩山は津波に襲われ一夜にして海に浮かぶ孤島になったという。それ以来、島は聖地となり、多くの巡礼者が訪れて栄えた。966年に創建された**ベネディクト会**★の修道院は数世紀にわたって増改築され、ノルマンディー・ロマネスク建築やゴシック様式など中世の様々な建築様式が混在している。

　14世紀の百年戦争の際、迫り来るイングランド軍に対して、フランスはモン・サン・ミシェルに要塞や城壁、塔を築いて抗戦した。16世紀の宗教戦争では新教徒軍の攻撃を退け、さらに18世紀末の**フランス革命**では、反革命派を収容する監獄としても利用された。

　満潮時に海に浮かぶ島となる景観を回復するための工事が2014年に完了し、現在は橋が架けられ島に歩いて渡ることができるようになっている。

フランス語で「聖ミカエルの山」を意味するモン・サン・ミシェル

寝殿造り：平安時代の貴族の住宅で用いられた様式。庭を三方から囲むように建物が配置されている。　　**ベネディクト会**：6世紀に成立したカトリック教会最古の修道会。中世ヨーロッパ各地において学問・技術の普及に大きな役割を果たした。

2-19 第二次世界大戦の傷跡

負の遺産　広島県

広島平和記念碑（原爆ドーム）
Hiroshima Peace Memorial (Genbaku Dome)

文化遺産　｜　登録年 **1945年**　｜　登録基準 **(vi)**　▶

❷ **核兵器の恐怖を伝える「負の遺産」**

第二次世界大戦末期の1945年8月6日、アメリカ合衆国の爆撃機エノラ・ゲイが広島市上空から原子爆弾を投下した。これは**人類が歴史上初めて使用した核兵器**であった。

原子爆弾は広島県産業奨励館付近の約580m上空で爆発した。強烈な熱線と爆風を受けた産業奨励館は、一瞬にしてほとんどの箇所が破壊されたが、ドーム型の屋根部分は骨組みと壁を残して全壊をまぬがれた。

広島市民のあいだには、街に壊滅的な被害を与え、多くの死傷者を出した原爆の惨事を思い出させるとして、廃墟となった産業奨励館の取り壊しを求める声も強かった。しかし、核兵器の恐怖を後世に訴える象徴として保存を求める運動が広がり、廃墟は「原爆ドーム」として永久保存されることになった。

原爆ドームは、「広島平和記念碑」として、1996年に世界遺産に登録された。人類が起こした悲劇を記憶にとどめ教訓とする「**負の遺産★**」と考えられている。できごとと関係する世界遺産の登録基準（vi）は、本来、ほかの基準と合わせて用いられるが、第二次世界大戦での原爆の悲惨さを伝える原爆ドームのような「負の遺産」は、例外として**登録基準（vi）のみで登録される**ことがある。

📖 **英語で読んでみよう！**　August 6, 1945, the first atomic bomb in human history was dropped on Hiroshima. The Genbaku Dome, the only structure that escaped complete destruction, has been preserved as it was as a permanent memorial to that tragic day. It is one of "the negative heritage sites" designed to permanently display the horrors of war to future generations.

歴史にリンク　**長崎にも原爆投下……終戦へ**

1945年7月、連合国は日本へ無条件降伏をうながすポツダム宣言を発表した。日本政府が方針を決めかねていたところ、8月9日、アメリカは広島に次いで長崎に原子爆弾を投下。同日、日ソ中立条約を破棄したソ連軍が満州に侵攻し、ついに日本はポツダム宣言を受け入れた。

1
2
日本の世界遺産

● 原子爆弾の投下と被害（広島市）

投下時間	午前 8 時 15 分
推定急性死亡者数	9 万〜16 万 6 千人 （被爆から 2〜4 ヵ月以内）
原子爆弾の種類	ガンバレル型、高濃縮ウランを使用 （リトルボーイ）

● 原爆ドームが受けた原子爆弾の被害

熱　線	日光の数千倍
地表温度	約 3,000℃ （鉄がとけ始める温度が約 1,500℃）
爆　風	秒速 440m （最大規模の竜巻が秒速 130m）
爆風圧	350 万 Pa［パスカル］ （1㎡あたりにかかる圧力が 35ｔ）

現在の原爆ドーム。産業奨励館の隣にある相生橋が、原爆の投下目標とされた

負の遺産　　ポーランド共和国

アウシュヴィッツ・ビルケナウ：
ナチス・ドイツの強制絶滅収容所 (1940–1945)
Auschwitz Birkenau-German Nazi Concentration and Extermination Camp (1940-1945)

[文化遺産]　　登録年　1979 年　　登録基準　(vi)　▶

❷ 人道に反する罪を伝える収容所跡

　ナチス・ドイツが建設した強制収容所も、原爆ドームと同じく、(vi) の基準のみで世界遺産に登録された「負の遺産」と考えられている。

　ヒトラー率いるナチス・ドイツは、1930 年代初めにドイツの政権を掌握すると、第二次世界大戦を引き起こすとともに、**極端な人種主義政策**を展開した。当時、ドイツ領であったポーランド南部のオシフィエンチム★の収容所には、ユダヤ人やスラブ人、障がい者などが強制的に収容された。この収容所で、100 万人以上のユダヤ人などが大量虐殺（**ホロコースト**）されたとされる。

　終戦間近に、ナチス・ドイツは強制収容所の破壊を始めたが、アウシュヴィッツとビルケナウの収容所はソ連軍が占領したことにより残された。

アウシュヴィッツ第二強制収容所ビルケナウ

負の遺産：世界遺産条約で正式に定義されているカテゴリーではない。詳しくは P.160-162「負の遺産」を参照。　**オシフィエンチム**：ドイツ語読みで「アウシュヴィッツ」。

2-20 産業革命

**明治日本の産業革命遺産
製鉄・製鋼、造船、石炭産業**
Sites of Japan's Meiji Industrial Revolution: Iron and Steel, Shipbuilding and Coal Mining

[文化遺産]

登録年 ▶ 2015年　登録基準 ▶ (ii)(iv)

●明治日本の産業革命遺産

❷ 日本の急速な近代化を支えた産業遺産群

　明治以降の日本の近代化において重要な役割を果たした産業遺産群であり、のちに日本の基幹産業となった「製鉄・製鋼」「造船」「石炭産業」にかかわる施設や遺構などが含まれる。構成資産は九州を中心に全国8県11市に点在する23資産である。これらの資産は、共通する特徴や関連性をもっており、複数の構成資産でひとつの顕著な普遍的価値を示す**シリアル・ノミネーション・サイト***として登録されている。

　日本の近代化は、江戸末期から明治にかけて、西洋の先進諸国の技術や知識を導入することによって急速に進められた。非西洋地域で初めて、約50年間という短期間で近代化をなしとげ、飛躍的な経済的発展をとげたことは歴史上重要な価値をもつ。その近代化に欠くことのできない製鉄や、蒸気機関を動かすエネルギー源となったのが、「黒いダイヤ」とも呼ばれた石炭であった。

　また近代化の背景には多くの人々の活躍があった。長州藩（山口県）の吉田松陰は「松下村塾」で指導し、のちの日本の近代産業化を担う人材を育成した。また、幕末期に来日した英国人商人**トーマス・グラバー**は、西洋の石炭採掘技術を導入し、長崎県の高島炭坑で日本最初の蒸気機関を用いた採掘を開始した。三井財閥の團琢磨は、「三池炭鉱」にて採炭技術の近代化を進めた。

　構成資産には「官営八幡製鐵所」や「三菱長崎造船所」、「三池港」のような現在稼働中の施設が含まれるほか、「端島炭坑」のように老朽化が進む施設も多く、観光対策や保全計画が課題となっている。

[歴史にリンク] **日本の産業革命**

　日本の産業革命は、イギリスより1世紀ほど遅れた19世紀末から20世紀初頭とされる。初期は製糸業や紡績業などの軽工業が中心であったが、1900年代以降は重工業が中心となった。主要動力も蒸気機関から電力へと移行していった。

外観が軍艦に似ていることから通称「軍艦島」と呼ばれる端島。海底炭坑で採掘が行われた。

英語で読んでみよう!

The property proves that Japan achieved modernization in about 50 years from the late Edo period to the Meiji period. There are 23 sites in eight areas around Kyushu registered in a serial nomination.

英国（グレートブリテン及び北アイルランド連合王国）

アイアンブリッジ峡谷
Ironbridge Gorge

| 文化遺産 | 登録年 ▶ 1986年 | 登録基準 ▶ (i)(ii)(iv)(vi) |

❯ 初期産業革命のふるさと

　アイアンブリッジ峡谷は、バーミンガムの西を流れるセヴァーン川上流にある。もともとは「セヴァーン峡谷」と呼ばれていた。この地のコールブルックデールで、1709年に**エイブラハム・ダービー1世**が石炭コークスで鉄鉱石を溶解する画期的な製鉄法を開発した。これによって良質の銑鉄★を大量に生産できるようになり、18世紀後半～19世紀のイギリス産業革命期に製鉄業の中心地として繁栄した。

　1779年にはエイブラハム・ダービー1世の孫にあたるダービー3世が、祖父の開発した製鉄技術を用いてセヴァーン川に**アイアンブリッジ**（コールブルックデール橋）を建設した。全長約60m、幅約7m、総重量400tの橋は世界初の鉄橋（シングル・アーチ橋）として有名である。

ダービー3世の築いたアイアンブリッジ

シリアル・ノミネーション・サイト：地理的な関連がなくても、文化や歴史的背景、自然環境などが共通する複数の資産を、ひとつの遺産として登録すること。P.018参照。　**銑鉄**：鉄鉱石を還元して取り出した鉄。

『神宿る島』宗像・沖ノ島と関連遺産群
Sacred Island of Okinoshima and Associated Sites in the Munakata Region

文化遺産 | 登録年 **2017年** | 登録基準 **(ii)(iii)** ▶

❷ 古代祭祀の変遷を伝える考古遺跡「沖ノ島」

　九州北部の『「神宿る島」宗像・沖ノ島と関連遺産群』は、「沖ノ島」「宗像大社」「古墳群」の３つの要素で構成される８資産からなる。

　構成資産の中心となる「沖ノ島」は、九州本土から約60kmの玄界灘に位置する。島では、ヤマト王権と百済★との結びつきが強まった４世紀ごろから約500年間、朝鮮半島や中国大陸への航海の安全を祈る祭祀が行われてきた。沖ノ島には、そうした交易の証拠と祭祀の跡が残されている。島全体がご神体とされ、上陸の禁止が現代まで続いているため、古代祭祀遺跡がそのままの状態で残されており、古代祭祀の変遷を伝えている。また、「銅鏡」や「金製指輪」、ペルシア由来の「カットグラス破片」など、発見された約８万点の奉献品はすべて国宝に指定されていて、「海の正倉院」とも称されている。

　「宗像大社」では、沖ノ島の信仰が「**宗像三女神**」という人格をもった神への信仰に発展した。宗像大社は、沖ノ島の沖津宮、沖ノ島と九州本土の間に位置する大島の中津宮、九州本土の辺津宮の三社からなる。それぞれに天照大神★が生み出した宗像三女神を祀っており、三社一体の信仰をつくり上げている。『**古事記**』や『**日本書紀**』にはすでに、「おきつみや」「なかつみや」「へつみや」の名前があり、古くより信仰が行われてきたことを示している。

島全体が神聖視されている沖ノ島

歴史にリンク ▶ **三国時代の朝鮮半島と日本**

　高句麗や新羅に圧迫された百済は、日本と親交を深めた。百済は玄界灘を渡って大陸のすぐれた技術や文物を日本に伝えていたが、660年に新羅に滅ぼされた。663年、日本は百済救援のため朝鮮半島に赴いたが、新羅・唐に白村江の戦いで敗れた。

1
2
日本の世界遺産

「古墳群」は、5〜6世紀ごろに築かれた宗像氏の古墳群であり、宗像氏の存在を証明するものである。宗像地域の人々は航海技術に長けており、ヤマト王権は百済と交易する際に、その地方豪族であった宗像氏を頼った。

宗像大社の中津宮

📖 英語で読んでみよう！

Okinoshima is located in the Sea of Genkai, about 60km away from the mainland Kyushu. In the island, Shinto Rituals to pray to god for safety of voyages have been performed for about 500 years since the 4th century. The whole island is considered a sacred body of the kami (god) and landing on the island has been prohibited until now.

ギリシャ共和国

デロス島
Delos

文化遺産　登録年 1990年　登録基準 (ii)(iii)(iv)(vi)

❯ 古代ギリシャ、ローマ人の信仰の地

　エーゲ海に浮かぶデロス島は、太陽神アポロンが生まれた場所とされる。アポロン信仰の地としてギリシャやローマの人々から信仰を集め、ギリシャの詩人カリマコスから「最も神聖な島」と称された。前1100年ごろにデロス島に移住してきたイオニア人たちは、前5世紀以降に**アポロン神殿**やアルテミス神殿、円形劇場などをつくった。現在アポロン神殿は、土台だけが残されている。アポロンが生まれたと伝わる「聖なる湖」を守るために近隣のナクソス島から大理石のライオン像が奉納され、現在もそのうち5頭が残っている。ペルシア戦争時には、共通の信仰の対象であったため、デロス島に軍資金を貯えるための金庫が置かれ、アテネを中心とした**デロス同盟**が結成された。

デロス島にある「ライオンの回廊」

百済：4世紀半ば〜660年、朝鮮半島西南部の国。日本と友好関係にあった。　　**天照大神**：日本神話の神々がつどう高天原の中心的な神、太陽神と考えられ皇室の祖先とされる。

アジア諸国へのキリスト教の広がり

長崎と天草地方の潜伏キリシタン関連遺産

Hidden Christian Sites in the Nagasaki Region

[文化遺産] 登録年 **2018年** 登録基準 **(iii)**

長崎と天草地方の
潜伏キリシタン関連遺産

佐賀県

長崎県　熊本県

● 日本独自のキリスト教信仰を伝える

この遺産は、キリスト教が日本で禁じられていた17世紀から19世紀の約250年間も、民衆によって信仰が伝えられてきたことを証明している。「潜伏キリシタン」とは、その禁教期に密かに信仰を続けた人々のことをいう。構成資産は国宝の**大浦天主堂**のほか集落、城跡からなり、4つの時代に分けられる。

「1.始まり」は、16世紀半ばにフランシスコ・ザビエルが伝えたキリスト教を豊臣秀吉や徳川幕府が禁止するなか、キリシタンたちが密かに信仰を続けることを決意した時代。原城跡は、キリシタンたちが天草四郎を総大将として幕府軍と戦った「**島原・天草一揆**」の主戦場で、この後に海禁体制（鎖国）★が確立され、潜伏キリシタンの歴史が始まった。

「2.形成」は、潜伏キリシタンたちが密かに信仰を続ける努力を行った時代。山や島への自然崇拝にキリスト教の聖地を重ね合わせた「平戸の聖地と集落」、漁村独特の方法で貝殻などの身近なものを信心具として代用した「天草の崎津集落」、神社の氏子を装いながら信仰を続けた「外海の大野集落」などがある。

「3.維持、拡大」は、潜伏キリシタンたちがより信仰を隠しやすい五島列島の島々に移住していった時代。病人の療養地「頭ヶ島の集落」や神道の聖地「野崎島の集落跡」などがそれを示している。

頭ヶ島のキリシタン墓地

[歴史にリンク] **キリスト教伝来の背景**

16世紀、カトリック教会はルターやカルヴァンの宗教改革に対抗。イエズス会は積極的な海外布教活動によってカトリック教会の勢力回復に貢献していた。また、その布教活動は、「大航海時代」の通商・植民活動とも密接につながっていた。

最後の「4.変容、終わり」は、1865年の「**信徒発見**」から各地に教会堂が築かれ、キリシタンたちの潜伏が終わる時代。開国によって来日した宣教師に、潜伏キリシタンが信仰を告白した「信徒発見」は、奇跡としてローマ教皇にも伝えられた。この時代を証明するのが、大浦天主堂である。

信徒発見の舞台となった大浦天主堂

 英語で読んでみよう！ Nagasaki and Amakusa district have a heritage that tells a cultural tradition built up by hidden Christians. They continued Christian faith in an era when Christian religion was prohibited, getting involved in the traditional Japanese religions and daily living.

インド

ゴアの聖堂と修道院
Churches and Convents of Goa

文化遺産 ｜ 登録年 **1986年** ｜ 登録基準 (ii)(iv)(vi)

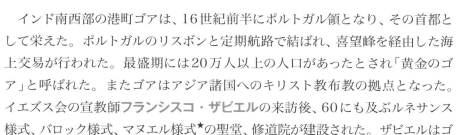

▶ キリスト教アジア布教の拠点

　インド南西部の港町ゴアは、16世紀前半にポルトガル領となり、その首都として栄えた。ポルトガルのリスボンと定期航路で結ばれ、喜望峰を経由した海上交易が行われた。最盛期には20万人以上の人口があったとされ「黄金のゴア」と呼ばれた。またゴアはアジア諸国へのキリスト教布教の拠点となった。イエズス会の宣教師**フランシスコ・ザビエル**の来訪後、60にも及ぶルネサンス様式、バロック様式、マヌエル様式★の聖堂、修道院が建設された。ザビエルはゴアから日本へ渡った。長崎を訪れた宣教師たちもゴア経由で訪日している。

　世界遺産に登録されているのは、市街に残る10余りの建造物群である。ルネサンス様式とバロック様式が融合した教会**ボン・ジェズス・バシリカ**にはザビエルの遺体が安置されている。

ボン・ジェズス・バシリカ

海禁体制（鎖国）：江戸幕府が、日本人の海外渡航禁止と外国船来港を規制した体制。1641年に確立してから1854年まで続いた。　**マヌエル様式**：ポルトガルで生まれた建築様式で、ロープや天球儀などの海にまつわる装飾が特徴。

2-23 植物の垂直分布

屋久島
Yakushima

自然遺産　登録年 **1993年**　登録基準 **(vii)(ix)** ▶

❷ 日本の北から南までの気候を合わせもつ島

　鹿児島市から約130km南の海上にある屋久島は、標高1,936mの宮之浦岳を中心に1,000m級の山々が連なる山岳島である。多雨地域であり、年間降水量は4,400mmにも達する。その景観に加え、特異な地形や黒潮の影響を受けた温暖湿潤な気候により**植物の垂直分布**がみられる点が評価された。

　日本列島の北から南までの気候を合わせもつこの島には、亜熱帯から亜寒帯までの植物が分布する。海岸沿いの亜熱帯の植物から、低地の温帯の照葉樹林、標高が上がるにつれスギなどの針葉樹林、冷温帯の落葉樹と変化し、山頂付近ではヤクシマシャクナゲなどの亜寒帯の植物が育つ。

　屋久島には1,900種以上の植物が自生し、ヤクシカやヤクザルなどの固有亜種を含む動物が生息する。樹齢1,000年を超えるスギは屋久杉と呼ばれ、1966年に発見された島最大のスギは**縄文杉**と名づけられた。本来スギの樹齢は数百年だが、屋久島のスギは栄養分が少ない花こう岩の土壌に育つため生長が遅く、幹の目が詰まって樹脂の量が増え、その防腐効果によって腐らずに樹齢が長くなった。

　20世紀初頭より保護活動が行われ、1980年には**生物圏保存地域★（ユネスコエコパーク）**にも指定された。

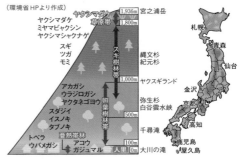

（環境省HPより作成）

● 垂直分布

地理にリンク ▶ **垂直分布**

　高度が100m上がると、気温は約0.6℃低下する。このため、低地から高地にかけては、緯度によって変化する水平分布にほぼ対応する植物分布がみられる。亜高山帯より上部は高木はまばらにしか生えず、このような地帯を森林限界という。

英語で読んでみよう!

Yakushima, which features the climate of both northern and southern parts of Japan, exhibits a vertical vegetation distribution, i.e.★ in which different types of plants grow as the altitude goes higher. There grow indigenous cedar trees called "Yakusugi" that are over 1,000 years old.

屋久杉の切り株

アメリカ合衆国

グランド・キャニオン国立公園
Grand Canyon National Park

自然遺産　登録年▶**1979年**　登録基準▶**(vii)(viii)(ix)(x)**

❯ **20億年の地球の歴史を物語る大峡谷**

　アリゾナ州にあるグランド・キャニオンは、長さ約450kmの広大な峡谷である。赤茶けた大地は、**コロラド川**が600万年の年月をかけて堆積層を浸食し、また岩の風化などにより生まれた。ここでは**先カンブリア時代**から古生代・中生代・新生代にわたる20億年間の異なる11層もの地層がみられる。また、サメやサンゴなどの海生動物の化石が発見されており、この地域がかつて海底だったことがわかる。

　谷底と崖の上の標高差は最大約1,700mに及び、気温差が激しい。このため、乾燥帯や亜寒帯、寒帯の気候が一度にみられる。谷底では乾燥帯のサボテンが、崖の上では寒帯・亜寒帯のアメリカヨツバマツが分布する。また、コヨーテなど約90種の哺乳類や、絶滅に瀕したハヤブサなど450種の鳥類が確認されている。

　コロラド川は20世紀半ばのダム建設の影響で水量が減ったものの、現在も岩肌を浸食し続けている。

最も新しい地層は約2億5,000万年前のもの

生物圏保存地域：ユネスコが1971年に立ち上げた「人間と生物圏計画」において、生態系の保全と持続可能な環境資源の利用の両立を目的として設定される地域。日本では10ヵ所が指定されている（2024年11月時点）。　**i.e.**：すなわち

2-24 固有種

鹿児島県、沖縄県

奄美大島、徳之島、沖縄島北部及び西表島
Amami-Oshima Island, Tokunoshima Island, Northern part of Okinawa Island, and Iriomote Island

自然遺産　**登録年** 2021年　**登録基準** (x)

❯ 独自の生物進化が生み出した生物多様性

　鹿児島県の奄美大島と徳之島、沖縄県の沖縄島北部と西表島は、九州南端から台湾との間の海域に、約1,200kmにわたって弧状に点在する琉球列島にある。黒潮と亜熱帯高気圧の影響を受けた温暖多湿な亜熱帯海洋性気候に属し、常緑広葉樹が広がる亜熱帯多雨林に覆われている。

　琉球列島は、地殻変動や氷河期の海面変化などによって切り離され形成された大陸島で、かつては大陸と共通の生物が生息・生育していた。島嶼化の過程で隔離された生物の中には、近隣地域で同種や近縁種が絶滅した後も生き残った種（**遺存固有種**）や、それぞれの島でさらに種分化が進んだ種（新固有種）が生まれた。特に海を容易に越えられない陸生動物や植物に固有種の事例が多く、独特で豊かな生物多様性を誇る。

　絶滅危惧種も多く、IUCNのレッドリストに記載された**アマミノクロウサギ**は奄美大島と徳之島でしかみられず、近縁種が存在しない遺存固有種である。沖縄島北部のヤンバルクイナは、飛べないクイナ類の一種である。他にも、西表島に生息する特別天然記念物の**イリオモテヤマネコ**や、沖縄島北部のスダジイ★の天然林に生息する固有種のオキナワトゲネズミなど、希少な生物が多い。

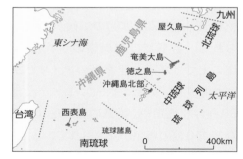

地理にリンク　**弧状列島**

　海洋プレートが大陸プレートにもぐりこむ境界の、大陸プレートのへりに形成され、海にむかって張り出す弓なりの列島のこと。島弧ともいい、海溝や火山帯に並行した配列となる。琉球列島、日本列島、千島列島などが弧状列島である。

アマミノクロウサギ

オーストラリア連邦

タスマニア原生地帯
Tasmanian Wilderness

[複合遺産]　| 登録年 | 1982年／2010年、2012年、2013年範囲変更、1989年範囲拡大　| 登録基準 | (iii)(iv)(vi)(vii)(viii)(ix)(x)

❯ 太古の自然を残す未開の島

　オーストラリア大陸の南に浮かぶタスマニア島は、かつてゴンドワナ大陸★の一部で、オーストラリアと陸続きだったと考えられている島。世界遺産には、7つの国立公園などを含むタスマニア島の5分の1にも及ぶエリアが登録されている。

　一帯は氷河地形やカルスト地形など多様な地形が広がり、南半球では数少ない冷温帯雨林やユーカリ林が広がる。2万1,000年前ごろに海水面の上昇などによってオーストラリア本土と海峡で隔てられ、島となった。競合する哺乳類がいなくなったことから、原始的な形質をもつカモノハシなどの単孔類が独自の進化を遂げた。また、肉食有袋類の**タスマニアデビル**など、他の大陸では絶滅した動物がみられる。

　島には、19世紀まで**タスマニア・アボリジニ**が石器時代と同様の狩猟採集生活を営んでいた。島内には、ステンシル★という技法で描かれた1万年以上前の岩絵が残り、大半は宗教的場面が題材となっている。考古学的価値が評価され、複合遺産に拡大登録された。

絶滅危惧種に指定されているタスマニアデビル

スダジイ：常緑広葉樹のブナ科シイ属の高木、どんぐりの実がなる。　**ゴンドワナ大陸**：かつて存在したといわれる巨大大陸。この大陸が分裂して、現在の南アメリカ・アフリカ・オーストラリア・南極・インドなどになったとされている。　**ステンシル**：版画の一種で、紙や金属板などを切り抜いて作った図柄などの型の上から、絵の具を塗り込んで刷り出す技法。

交易都市

沖縄県

琉球王国のグスク及び関連遺産群
Gusuku Sites and Related Properties of the Kingdom of Ryukyu

文化遺産 　登録年 **2000年** 　登録基準 **(ii)(iii)(vi)**

東シナ海

鹿児島県

沖縄県

太平洋

那覇 ── 琉球王国のグスク
及び関連遺産群

1
2

日本の世界遺産

❯ 中継貿易で栄えた王国

　沖縄県那覇市など県内各地に点在するグスク(城砦)と関連遺産は、12〜17世紀に繁栄した琉球文化を今に伝えている。1429年、中山王の尚巴志が琉球を統一して琉球王国を建てた。琉球王国は首里を都として、明や日本をはじめ東南アジア諸国との間で中継貿易を行って大いに栄えた。

　海のかなたに神々が住むニライカナイと呼ばれる国があるという信仰をもとに、日本や中国などの影響を受けて、琉球独特の文化が生まれた。12世紀ごろから各地の**按司**★が築いたグスク跡は、内部に宗教的聖地とされる拝所を設けており、周辺住民の精神的な拠り所となっていた。首里城内にある園比屋武御嶽石門も拝所の代表例である。

　国王の居城で政治の中心だった首里城は、第二次世界大戦の沖縄戦によって焼失し戦後に復元されたが、2019年の火災で再び正殿が焼失した。焼失前の城壁の遺構や建物の基壇などの地下遺構が残されている。また、北山王の拠点となった今帰仁城跡や護佐丸ゆかりの座喜味城跡と中城城跡、12〜13世紀に築かれたとされる阿麻和利が居城とした勝連城跡が登録されている。

0 　　20km

今帰仁城跡
座喜味城跡
首里城跡
●城内
園比屋武御嶽石門
勝連城跡
中城城跡
識名園
玉陵
斎場御嶽

● **構成資産**

歴史にリンク **琉球処分**

　琉球王国は江戸時代初めに薩摩藩の侵略を受け、薩摩藩の支配下にありながら清との朝貢・冊封関係も維持した。明治時代に入ると新政府は、琉球藩を設置(1872年)。さらに1879年には武力を背景に琉球藩を廃し、沖縄県を設置した。

ゆるやかなカーブを描いた今帰仁城跡の城壁

📖 英語で読んでみよう！ Ryukyuan farming communities, Gusuku, dotted in various parts of Okinawa, are castles constructed by powerful clans called "Aji" who ruled petty★ kingdoms between the 12th and 17th centuries. The history of the Ryukyu kingdom is handed down to posterity from their religious stone structures.

マレーシア

 メラカとジョージ・タウン：マラッカ海峡の歴史都市
Melaka and George Town, Historic Cities of the Straits of Malacca

文化遺産　登録年 ▶ 2008年／2011年範囲変更　登録基準 ▶ (ii)(iii)(iv)

❷ 84種類の言葉が聞かれる港町

　マレーシア南西部にあるメラカは、14世紀末にマラッカ海峡を支配して成立した**マラッカ王国**の都であった。メラカはオスマン帝国やマムルーク朝、明や琉球から多くの商人が集まって大いに栄え、「港では84種類の言葉が聞かれる」といわれた。明の永楽帝の時代には鄭和★の船団の寄港地としても発展したが、明の対外政策が消極的になるとマラッカ王国はイスラム教を受け入れた。

　大航海時代にインド航路を独占したポルトガルに1511年に征服されると、1641年にはオランダ領となり、18世紀には礼拝堂に砲台が置かれて要塞となった。その後、1824年にはイギリス領となったため、マラッカ王国時代、ポルトガル、オランダ、イギリスの各支配時代の建造物がみられる。ペナン島のジョージ・タウンには、18世紀末からのイギリス統治時代の建造物が残る。

メラカのオランダ広場

按司：「あんじ」とも読む。12世紀ごろから琉球各地に割拠した豪族。　**petty**：小規模な　**鄭和**：1371～1434年ごろ。靖難の役の功績を永楽帝に認められ、7回にわたる南海遠征を指揮した。雲南出身の宦官で、イスラム教徒であった。

日本の暫定リスト

　世界遺産登録をめざす遺産は、まず暫定リストに記載される必要がある。そのなかから条件の整ったものが推薦され、世界遺産委員会で登録の可否が審議される。各国の推薦枠は、文化遺産と自然遺産を合わせて1年に1件である。2024年11月時点で、4件の遺産が日本の暫定リストに記載されている。

　2010年に暫定リストに記載された「佐渡島の金山」は、2024年7月の世界遺産委員会で登録された。奈良県の「飛鳥・藤原の宮都とその関連資産群」は、名称を「飛鳥・藤原の宮都」に変更し、2026年の登録を目指している（2024年11月時点）。「彦根城」は、2021年の世界遺産委員会で新たに導入が決定された「プレリミナリー・アセスメント（事前評価）」制度を用いて、2027年以降の登録を目指している。

　また、暫定リスト入りをめざす遺産も多い。野焼きによって草原景観を保ち、火山との共生をはかってきた熊本県の「阿蘇地域」や、5連の木造橋である山口県の「錦帯橋」、弘法大師ゆかりの四国八十八箇所霊場を巡る「四国遍路」、古来芸術作品や庭園の題材に取り上げられてきた京都府の「天橋立」などがある。

熊本県阿蘇市の草千里ヶ浜

5連アーチが特徴の錦帯橋

四国霊場第88番札所・大窪寺

日本三景の一つでもある天橋立

佐渡島の金山　［新潟県］　**2024年世界遺産登録**　2010年

　「佐渡島の金山」は、砂金鉱床の西三川砂金山と、鉱脈鉱床の相川鶴子金銀山の2つの資産で構成される鉱山群である。佐渡島では、江戸時代に**伝統的手工業**によって採掘から精錬までの金生産が行われていた。幕府が海禁体制（鎖国）をとっていたため海外の影響を受けておらず、同時期のヨーロッパやその植民地で行われた機械装置を多用する生産法とは対照的であった。

　江戸幕府は、それぞれの鉱山の異なる生産技術に応じた生産体制を整備し、大規模な金生産システムを長期間にわたって継続した。相川金銀山にある「道遊の割戸」のように、人々が争って鉱石を掘ったために山が2つに割れてしまった独特な景観も残された。また、日本中から鉱山技術者・労働者が集まり、芸能や信仰など多様な文化が育まれた。

　佐渡島では、海外との技術交流が制限されるなか、高品質の金を生産する技術を確立・深化させて、幕府の財政を支えた。17世紀には世界最大級の産出量を上げて、金本位制をとる国際経済にもオランダを通して貢献した。

相川の「道遊の割戸」

彦根城　［滋賀県］　1992年

　彦根城は、日本列島の東国と西国の境を守る要衝の地に、井伊氏の拠点として築かれた平山城であり、江戸時代における社会の安定と持続に寄与した、幕府と藩による統治の仕組み（**幕藩体制**）を象徴する近世城郭である。

　江戸時代、全国に約150築かれた近世城郭は藩の統治拠点であり、石垣や水堀などによって内外が明確に区画され、隔絶されていた。内部は政治機能が集約された一体的な空間構造で、大名や重臣が一元的に領地を統治していたことを示す。また、天守を頂点とする城郭の形態は外部からみえるように効果的につくられ、藩の権威を象徴している。

　なかでも江戸時代初期に築城が開始された彦根城は、天守などの建物や石垣の石などをほかの城から流用して建築が進められたもので、近世城郭のモデルのひとつとして、典型的な構造や機能が備わる。

　明治以降、城郭の多くが役割を終え解体されたが、彦根城は地域住民らの総意によって保存され、戦災や開発も免れた。天守や櫓、石垣など創建時のまま保たれてきた建築物もある。彦根城天守や附櫓などは国宝に指定されている。

彦根城天守

飛鳥・藤原の宮都　[奈良県]　2007年

　6世紀末に推古天皇が飛鳥で即位してから、藤原京を経て710年の平城京遷都まで、飛鳥・藤原の地は政治・文化の中心として栄えた。「飛鳥・藤原の宮都」は、中国や朝鮮半島との交流を通じて、この地で日本初の中央集権国家が誕生した歴史を物語る遺産である。宮殿の構造や寺院の配置、墓制などの遺跡の変遷は、中国を模範とした律令国家の形成過程を示している。

　飛鳥地方の石舞台古墳は、蘇我馬子の墓とされる。国内最大級の石室をもち、大陸風の方墳を採用している。高松塚古墳は藤原京時代の壁画古墳である。壁面には中国の伝統思想に基づく四神図や天文図、男女群像が描かれ、中国や高句麗の古墳壁画との類似性が指摘されている。藤原宮跡は、日本初の都城「藤原京」の中央に位置し、律令国家体制を具現化した宮殿遺跡である。また、『万葉集』に登場する大和三山など、日本の歴史的風土を形成する文化的景観も含まれる。

石舞台古墳

古都鎌倉の寺院・神社ほか　[神奈川県]　1992年

　12世紀末、源頼朝は日本最初の武家政権、鎌倉幕府を開いた。以後、鎌倉は約150年にわたり政治の中心となった。鎌倉で生み出された精神や文化は、日本文化の形成に重要な役割を果たした。現在の鎌倉には、かつての都市計画の中心となった鶴岡八幡宮と正面に伸びる若宮大路が残る。ここを中心に寺社や武家館、切通、港が機能的に配置された。鎌倉は中世の軍事政治都市の特徴と武家文化の街並を、今に伝えている。

鶴岡八幡宮の石段と楼門

平泉－仏国土（浄土）を表す建築・庭園及び考古学的遺跡群－　[岩手県]　2012年

　2011年、平泉は5資産に絞って世界遺産登録された。さらに現在、奥州藤原氏の居館で政治・行政の中心であった「柳之御所遺跡」や中尊寺経蔵別当領として始まった荘園跡「骨寺村荘園遺跡」、清水寺を模した毘沙門堂の残る「達谷窟」の他、「白鳥舘遺跡」、「長者ヶ原廃寺跡」の5資産を、平泉の浄土世界を証明するものとして追加登録をめざしている。登録範囲の変更（拡大）の際は、再度暫定リストに記載して再推薦する必要がある。

達谷窟毘沙門堂

人類の誕生と古代文明

• • •

ヨーロッパの先史時代・古代文明遺跡は、現在
のヨーロッパ文明のルーツを示している。

Photo :『ローマの歴史地区と教皇領、サン・パオロ・フォーリ・レ・ムーラ聖堂』
　　　　（イタリア共和国、ヴァティカン市国）、サンタンジェロ城

3

人類の誕生

アルタミラ洞窟と
スペイン北部の旧石器時代洞窟壁画
Cave of Altamira and Paleolithic Cave Art of Northern Spain

文化遺産　登録年 ▶ 1985年／2008年範囲拡大　登録基準 ▶ (i)(iii)

アルタミラ洞窟と
スペイン北部の
旧石器時代
洞窟壁画

フランス
ポルトガル　マドリード　アンドラ
リスボン　スペイン
大西洋　地中海
ラバト
モロッコ

● クロマニヨン人の洞窟壁画

　スペイン北部アルタミラにある洞窟には、旧石器時代の新人(現生人類)**クロマニヨン人**によって描かれた彩色壁画がある。紀元前1万7000〜前1万3500年のものと推定されるこの壁画は、バイソン(野牛)やシカ、ウマなどの動物が岩肌に写実的に描かれており、旧石器時代の洞窟美術の代表格である。

　1879年に発見された当時は、新人の文化水準の高さが知られていない時代であったため、彼らが描いたものであるとは認められなかった。しかし、20世紀半ばに、南フランスのラスコー★やスペイン北部で次々と洞窟壁画が発見され、調査・研究の結果、新人の壁画であると確認された。

　最も有名な壁画の残る洞窟の大きさは、長さ約20m、幅約10m、高さ約1.2〜2mあり、近年の研究で、**儀式に使われていた**のではないかと考えられている。

　アルタミラ洞窟の壁画は、獣脂に黄土と木炭、マンガン酸化物などを溶いたもので彩色されており、**岩肌の凹凸を活かしながら**、ぼかしの技法による色の濃淡で立体感を出すなど、その絵画技術は高度である。このような絵画が、洞窟の天井や壁一面に描かれている。

　1985年に「アルタミラ洞窟」が単独で世界遺産に登録されたのち、2008年に17ヵ所の洞窟が追加登録された。現在、人間がはき出す二酸化炭素や体温などが壁画を傷めるため、すべての洞窟で入場が禁止されており、同じ敷地内の博物館でレプリカが展示されている。

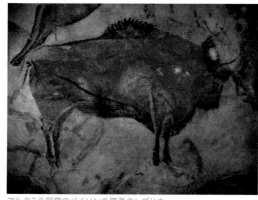

アルタミラ洞窟のバイソンの壁画のレプリカ

アワッシュ川下流域
Lower Valley of the Awash

[文化遺産]

■登録年 1980年　■登録基準 (ii)(iii)(iv)

❯ 人類の起源を明かす場所

　アフリカで出現したとされる人類の起源は、直立二足歩行を行っていた猿人である。エチオピアのアワッシュ川下流域では、先史人類の化石が大量に出土している。1974年には、約350万年前のものである猿人**アウストラロピテクス・アファレンシス**（アファール猿人）の骨格がみつかった。人類の化石は破片でみつかることが多いが、この猿人の化石は、全身の約4割がまとまって発見された女性の骨格で、「**ルーシー★**」と名づけられ、貴重な標本となっている。中流域では、約450万年前のものとされるラミダス猿人の化石が発見された。こうした化石が発見されるのは、この地域に地殻変動が多く、渓谷地帯に堆積物が流れ込んだためだと考えられている。

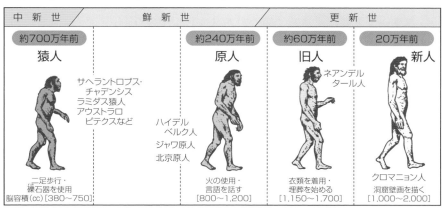

中新世／鮮新世／更新世

約700万年前		約240万年前	約60万年前	20万年前
猿人	サヘラントロプス・チャデンシス　ラミダス猿人　アウストラロピテクスなど	原人	旧人　ネアンデルタール人	新人
		ハイデルベルク人　ジャワ原人　北京原人		クロマニョン人
二足歩行・礫石器を使用　脳容積(cc)[380～750]		火の使用・言語を話す[800～1,200]	衣類を着用・埋葬を始める[1,150～1,700]	洞窟壁画を描く[1,000～2,000]

※上記の実年代算定は、研究者によって相当のひらきがある。また、旧人と新人は一時期並行して存在していたと考えられている。

● 人類の進化（猿人から新人へ）

> **歴史にリンク** 人類の進化……化石人類はすべて打製石器の段階である
>
> 新人（現生人類）に進化する前の猿人・原人・旧人は化石人類と呼ばれ、打製石器を使用する旧石器時代に生きた。現生人類（ホモ・サピエンス）は磨製石器を使用する新石器時代に区分され、この時代から農耕や牧畜が始められた。

ラスコー：『ヴェゼール渓谷の装飾洞窟と先史遺跡』の一部としてフランスの世界遺産に登録されている。　**ルーシー**：当時エチオピアで流行していたビートルズの曲「Lucy in the Sky with Diamonds」にちなむ名前。

巨石文明

英国（グレートブリテン及び北アイルランド連合王国）

ストーンヘンジ、エイヴベリーの巨石遺跡と関連遺跡群
Stonehenge, Avebury and Associated Sites

文化遺産

登録年 1986年／2008年範囲変更　登録基準 (i)(ii)(iii)

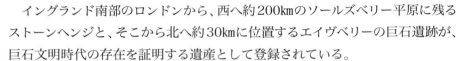

ストーンヘンジ、エイヴベリーの巨石遺跡と関連遺跡群

❯ 謎の多い先史時代の巨石群

　イングランド南部のロンドンから、西へ約200kmのソールズベリー平原に残るストーンヘンジと、そこから北へ約30kmに位置するエイヴベリーの巨石遺跡が、巨石文明時代の存在を証明する遺産として登録されている。

　ストーンヘンジとは、巨石でつくられた**環状列石**（ストーン・サークル）で、ヘンジとはメンヒル（直立石）に横石を積んでつないだ構造物をさす。土塁や堀が残る直径約100mの台地の上に、高さ4〜5mほどのメンヒル約30個が、直径約30mの大きさで円形に並べられている。その円の内側には、青みがかった**ブルー・ストーン**と呼ばれる石で築かれたメンヒルが残り、中心には3つの石を門の形に組んだトリリトン（三石塔）5組がU字形に配置されている。台地の北東の入り口に立つ玄武岩の巨石ヒール・ストーンと、ストーンヘンジの中心を結ぶ直線上に、夏至の日の朝日が昇るため、ストーンヘンジは、**太陽崇拝の祭祀**と天文観測を行う場であったと考えられている。

　エイヴベリーは約1.3kmの外周に約100個のメンヒルが配置されたヨーロッパ最大級の環状列石で、倒れたり土に埋もれたりしていた巨石が1930年代の発掘調査で復元された。

　これらの巨石遺跡は、紀元前3100年から前1100年ごろに築かれたと考えられている。用いられた石は、ストーンヘンジから約40km離れたマールバラ丘陵や、約400km離れたウェールズの山脈から産出されており、どのように運び築かれたのかははっきりしていない。

> 歴史にリンク　**日本にも存在した巨石文化**
>
> 巨石文化の遺構が残る飛鳥地方には、暫定リストの「飛鳥・藤原の宮都とその関連資産群」がある。構成資産には謎が多く残る石造物「酒船石」も含まれる。考古学的な研究が進むにつれて、巨石の遺構の用途や意味は解明されつつある。

巨石でつくられた環状列石ストーンヘンジ

大韓民国

高敞、和順、江華の支石墓跡
Gochang, Hwasun and Ganghwa Dolmen Sites

[文化遺産] 　登録年〉**2000年**　登録基準〉(iii)

◯ 先史時代の巨石墓群

　紀元前1世紀ごろ、朝鮮半島では巨石を使った埋葬施設である支石墓が数多くつくられ、**世界で最も多くの支石墓が集中**している地域と考えられている。

　巨大な石の板を複数の石で支える支石墓は**ドルメン**とも呼ばれ、イギリスやフランスなど西ヨーロッパを中心に、中東や南アジアなどの沿岸地域にも広く分布している。

　高敞、和順、江華の支石墓は地域によって形状が異なる。北から南へ支石墓の文化が伝わっていくなかで、少しずつ形が変化していった。江華は2枚の垂直な岩板で天井岩を支える「北方式」、和順は4個の支石の上に蓋石を置く碁盤型の「南方式」、高敞は「北方式」「南方式」が混在している。

北方式の支石墓。墓を覆っていた土は風雨で流された

イラン・イスラム共和国 ••••••••••••••••

ペルセポリス
Persepolis

文化遺産 | 登録年 **1979年** | 登録基準 **(i)(iii)(vi)**

❱ アケメネス朝ペルシア全盛期に創建

ペルセポリスは、古代オリエントを統一した**アケメネス朝ペルシア**全盛期の紀元前518年に、3代皇帝**ダレイオス1世**が建設を開始した都市である。ペルセポリスとは、ギリシャ語で「ペルシア人の都市」を意味する。ダレイオス1世は、西のエーゲ海から東のインダス川にまで広がる大帝国を20州にわけ、服従した異民族に対しては自治を認めるなど穏和な政治を行った。

長辺約450m、短辺約300mの敷地には、朝貢使節団を迎えるアパダナ（謁見の間）や玉座殿、タチャラと呼ばれるダレイオス1世の宮殿など、壮大な建築群が立ち並んでいた。これらの建物はすべて四角形で、直角をモチーフにして設計するペルシア建築の特徴が表れている。帝国各地から高度な建築技術の粋を集めて築かれ、随所に精緻なレリーフ（浮き彫り）や生活用水を確保するためのカナートがみられる。玉座殿の入り口には、古代ペルシア人の民族宗教であある**ゾロアスター教**の最高神アフラ・マズダーのレリーフがある。ペルセポリスは宗教儀礼の場として使われ、毎年春分の日に行われた「新年の大祭」では、帝国内の属州などの使節が献上品を持参し王と接見したことが、壁面のレリーフからもわかる。

アケメネス朝は、「王の道★」と呼ばれる国道を建設し、駅伝制を整備した。ペルセポリスには帝国中からレバノン杉や黄金、銀、象牙などが運び込まれた。しかし前330年にアレクサンドロス大王によって滅ぼされ廃墟となった。本格的な発掘調査が始まり当時の様子が明らかになったのは、20世紀に入ってからである。

歴史にリンク ▶ ペルシア戦争

前500年、アケメネス朝支配下にあったギリシャ人植民市が反乱を起こした。アケメネス朝は反乱を鎮圧し、ペルシア戦争が始まった。ペルシア軍の度重なる攻撃に対し、アテネを中心としたギリシャ連合軍は防衛し、前449年ギリシャの勝利に終わった。

1
2
3

人類の誕生と古代文明

● ペルセポリスのおもな建造物

アパダナ	110m 四方の敷地をもつペルセポリス最大の宮殿。高さ 20m の柱が 72 本あったが、現在は十数本のみ残る。
玉座殿	国事用の宮殿。「百柱の間」はペルセポリス最大の大広間で、クセルクセス I 世がライオンと戦うレリーフが有名。
クセルクセス門	高さ 16m を超える巨大な門。天井と土壁で覆われた通路状の建造物であった。

ペルセポリス宮殿跡の基壇部にもレリーフが刻まれている

> **英語で読んでみよう！**　Persepolis is an extensive archaeological site of the former Persian capital of the Achaemenid Empire★. All buildings feature a square contour, the characteristic right-angle motif of Persian architecture. Numerous elaborated reliefs can still be found in these buildings.

イラク共和国

🏛 バビロン
Babylon

文化遺産　登録年 2019年　登録基準 (iii)(vi)

❯ 古代メソポタミアの都市遺跡

　バビロンは、ハンムラビ法典★で有名な**ハンムラビ王**の時代(前18世紀ごろ)にメソポタミアを統一したバビロン第一王朝(古バビロニア王国)と、ネブカドネザル2世の時代に最盛期を迎えた新バビロニア(前625〜前539年)の都であった。

　街の外壁や内壁、門、宮殿、ジッグラト(聖塔)を含む寺院は、ユーフラテス川沿いに建国された新旧のバビロニア王国が強い力をもっていたことを示している。**イシュタル門**は青い釉薬の瓦で彩られ、女神イシュタルの聖獣であるライオンなど神々を象徴する動物のレリーフが施されている。現在はペルガモン博物館★に移築復元されており、バビロンにはレプリカが展示されている。また、「バベルの塔」や「バビロンの空中庭園」があったとの伝承が残るが、確認されていない。

バビロンのイシュタル門

王の道：王都のスーサから小アジアのサルディスまでの2,700kmに及ぶ国道。　**the Achaemenid Empire**：アケメネス朝
ハンムラビ法典：刑法、商法、民法などの内容を含む282条からなる。ペルシアの古都スーサで発見された石碑から楔形文字で刻まれた原文が発見された。　**ペルガモン博物館**：ドイツの世界遺産『ベルリンのムゼウムスインゼル(博物館島)』の構成資産のひとつ。

**ヌビアの遺跡群：
アブ・シンベルからフィラエまで**
Nubian Monuments from Abu Simbel to Philae

文化遺産 | 登録年 **1979年** | 登録基準 (i)(iii)(vi)

◉ 世界遺産条約誕生のきっかけとなった遺跡

　ナイル川上流のヌビア地方にある遺跡群は、古代エジプト新王国時代およびプトレマイオス朝時代のものである。代表的な遺跡は、ナイル河岸の岩山を掘削してつくられた**アブ・シンベル神殿**で、大建築を行った新王国時代第19王朝の**ラメセス2世**によって紀元前1250年ごろに建造された。

　神殿の内外部には、ラメセス2世の像や壁画が多く残されている。最奥部には、太陽神ラー・ホルアクティ、国家神アメン・ラー、メンフィスの守護神プタハ、そしてラメセス2世の像があり、一年に2度、神殿入り口から射す日の出の太陽が、神殿内部と神々の像を照らし出すように設計されている。

　アスワンの南、ナイル川に浮かぶ小島フィラエ島には、プトレマイオス朝時代に建てられた**イシス神殿**がある。全盛期のローマ皇帝たちはこの神殿を気に入り、トラヤヌス帝がキオスク（柱と屋根だけの小屋）を、ハドリアヌス帝がアーチ状の門を建造した。また碑文には、テオドシウス1世がキリスト教をローマ帝国の国教とする政策を完了したことも記されている。

　1960年、エジプトのナセル大統領はソ連の資金援助を受けて、治水と電力供給のためにアスワン・ハイ・ダムの建設を開始した。しかし、このダムが完成するとヌビアの遺跡群は水没することが判明。ユネスコは各国に呼びかけ、1964年から救済事業が開始された。アブ・シンベル神殿は約64m高い場所に移築され、フィラエ島の遺跡は近くのアギルキア島に移築された。このアギルキア島は現在、水没した本島に代わりフィラエ島と呼ばれている。

歴史にリンク　**激動の第18王朝……アメンホテプ4世の宗教改革**

新王国時代第18王朝のアメンホテプ4世は、従来の神々への崇拝を禁じ、アトン神信仰の一神教への宗教改革を行った。都をテル・エル・アマルナに移したが、王の死で改革は挫折。都は再びテーベに戻され、10代前半であったツタンカーメンが王位に就いた。

アブ・シンベル神殿入り口にある高さ22mの4体のラメセス2世像

エジプト・アラブ共和国

 メンフィスのピラミッド地帯
Memphis and its Necropolis-the Pyramid Fields from Giza to Dahshur

| 文化遺産 | 登録年 **1979年** | 登録基準 (i)(iii)(vi) ▶ |

● 公共事業としてのピラミッド建造

　カイロ近郊、ナイル川西岸のメンフィス★周辺には、約30基のピラミッドが点在する。なかでも**ギザ**の三大ピラミッド（クフ王、カフラー王、メンカウラー王）は巨大である。最も大きい**クフ王**のピラミッドは、平均2.5 tの石が約230万個も使われ、建造時には高さが約150mあったとされる。これら巨大なピラミッドは、古王国時代★に建造されたが、このような大量の大きな石をどのように積み上げたのかは、いまだ謎である。カフラー王のピラミッドへ続く参道の入り口に位置するスフィンクス★も構成資産に含まれている。

　ピラミッドは王墓との説が有力であるが、その建造の目的は、農閑期（のうかんき）の人々を動員して生活を保障する公共事業であったという説もある。ピラミッド建造によって、エジプトの土木建築や測地などの技術は高度に発達した。

スフィンクス（手前）とピラミッド

メンフィス：エジプト古王国時代の都。　**古王国時代**：前2650年ごろ～前2120年ごろ。　**スフィンクス**：人頭のライオンで、古代エジプトでは守り神とされた。

3-5 地中海世界の形成（ギリシャ）

アテネのアクロポリス
Acropolis, Athens

文化遺産　　登録年 **1987年**　　登録基準 (i)(ii)(iii)(iv)(vi) ▶

❯ 現代まで影響を与え続ける古典精神の象徴

　前8世紀ごろ、ギリシャの人々はアクロポリスと呼ばれる丘に神殿を建て、そこを拠点に集住して都市国家（ポリス）を各地に形成した。有力な都市国家であったアテネのアクロポリスにも、**パルテノン神殿**をはじめ様々な建造物が建てられた。ここで生まれた哲学や芸術は西洋文明の源流となり、現代世界においても知的・精神的な礎となっている。

　アテネはギリシャ南部のエーゲ海につき出したアッティカ半島に位置している。その立地を活かし、エジプトなどとの海上貿易によって栄えた。

　前500年に始まったペルシア戦争中、アテネのアクロポリスはペルシア軍の攻撃により壊滅的な打撃を受けた。しかし、ペルシア戦争に勝利すると指導者ペリクレスは、戦いと知恵の**女神アテナ**を祀ったパルテノン神殿など壮大な神殿群を建築して、アクロポリスを再建した。

　大彫刻家フェイディアスが建築総監督を務めたパルテノン神殿は、ドーリア式★の神殿であるが、一部にイオニア式もみられる。高さ10.4mのエンタシス★をもつ柱が東西に8本、南北に17本ずつ、計46本並んでいる。内陣には黄金と象牙で装飾された高さ12mのアテナ像が置かれていた。また、神殿の上部は赤と青に彩色されていた。その後、パルテノン神殿はビザンツ帝国によってキリスト教聖堂に改築され、さらに1456年にはオスマン帝国によってモスクへと改築された。その後、1687年にヴェネツィア軍が、オスマン帝国の火薬庫として使われていたパルテノン神殿を攻撃し、神殿は大きな被害を受けた。

歴史にリンク **サラミスの海戦で、アテネの参政権が拡大**

　アテネでは、貧しくて武具が買えない無産市民には参政権がなかった。しかし、彼らはサラミスの海戦で三段櫂船のこぎ手となって勝利に貢献し、参政権を得た。こうして、18歳以上の男子市民全員が、民会に参加する直接民主制がアテネに誕生した。

人類の誕生と古代文明

小高いアクロポリスに立つパルテノン神殿

　パルテノン神殿の向かいにあるエレクティオン神殿は、イオニア式の代表的な神殿である。乙女の姿の６本柱（カリアティード）が屋根を支えており、アテナやポセイドン、ゼウス、ヘファイストス、エレクテウスなど様々な神が祀られている。

　アテネは民主主義の誕生の地としても知られている。陶片追放（オストラシズム）などの制度をつくったクレイステネスが民主制の基礎を築き、ペリクレスがそれを完成させた。『アテネのアクロポリス』は、それらの政治家たちの業績を知る上でも重要である。アクロポリス北西部の**アゴラ**（広場）は、市民が集会を開いたり議論を交わしたりする、古代ギリシャ民主政治の中心地であった。その中には、ソクラテスやプラトン、アリストテレスといった哲学者たちもいた

はずである。また、アクロポリスの南側にあるギリシャ最古のディオニソスの劇場では、古代ギリシャ三大悲劇詩人といわれるアイスキュロス、ソフォクレス、エウリピデスの劇や、アリストファネスの喜劇などが、毎年春に行われるディオニソス祭の時に上演されていた。

エレクティオン神殿のカリアティード

📖 **英語で読んでみよう！** The Acropolis of Athens is the symbols of the classical spirit and civilization of ancient Greece. After suffering heavy damage in the Persian wars, the Acropolis was transformed★ from simply a rocky hill into a unique monument to Greek culture and the arts.

....

ドーリア式：古代ギリシャ初期の建築様式。その後、イオニア式、コリント式と変遷する。　**エンタシス**：中央にふくらみをもたせることで視覚的な安定感を与える柱の形状。法隆寺の金堂などでもみられる。　**transform A into B**：AからBに変わる

3-6 ローマ帝国

イタリア共和国及びヴァティカン市国

ローマの歴史地区と教皇領、サン・パオロ・フォーリ・レ・ムーラ聖堂

Historic Centre of Rome, the Properties of the Holy See in that City Enjoying Extraterritorial Rights and San Paolo Fuori le Mura

文化遺産

登録年 1980年／1990年範囲拡大、2015年、2023年範囲変更

登録基準 (i)(ii)(iii)(iv)(vi)

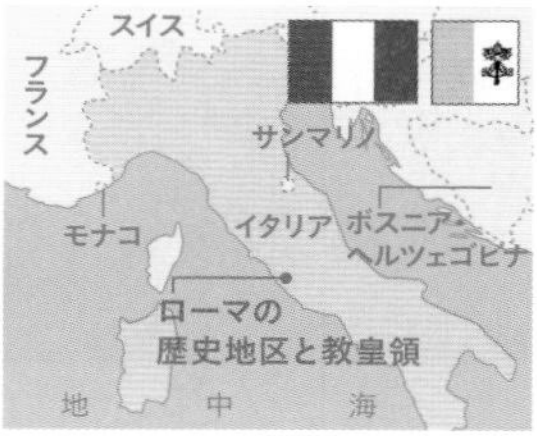

巨大な帝国の中心地

前８世紀ごろ、イタリア半島中部のテヴェレ川流域にラテン人が定住して都市国家をつくったのが、ローマの起源とされる。当初、先住民族のエトルリア人の王に支配されていたが、前509年に王を追放し、君主が存在しない共和政となった。やがて地中海世界を支配する大国になったが、急速な領土の拡大はローマ社会を変質させ、内乱が続いた。

内乱のなかで独裁権力を握った平民派のカエサルが共和派に暗殺されると、カエサルの遺志を継いだオクタヴィアヌス★（アウグストゥス）が、反目するアントニウスを破り、事実上の帝政を始めた。後14年にオクタヴィアヌスは亡くなり、アレクサンドロス大王の墓を模してつくられたといわれる**アウグストゥス帝廟**に埋葬された。以後、五賢帝時代までの約200年間、ローマ帝国は政治的に安定し、経済的にも繁栄して「ローマの平和（パクス・ロマーナ）」と呼ばれる時代を築いた。

フォロ・ロマーノ（「ローマ人の広場」という意味）は、ローマが帝政になる前から市民生活の中心の場としてにぎわってい

古代ローマ年表

年代	できごと
前753年	都市国家ローマ建設（伝説）
前509年	共和政樹立
前272年	イタリア半島統一
前264年～	ポエニ戦争（～前146年）
前46年～	カエサルの独裁（～前44年）
前27年～	元首政（実質帝政の始まり）
96年～	五賢帝時代（～180年）
235年～	軍人皇帝時代（～284年）
284年～	専制君主政（ドミナートゥス）
313年	ミラノ勅令（キリスト教公認）
395年	ローマ帝国が東西に分裂
476年	西ローマ帝国滅亡

歴史にリンク　ローマ帝国衰亡の背景

３世紀以降、ローマ帝国に北方からゲルマン人、東方からササン朝ペルシアが侵入してくるようになり、ローマ帝国は軍事力を維持するために貨幣の改悪と都市への課税を繰り返した。これにより都市は衰退し、商業や文化が衰えて国の権力が弱まっていった。

演説や集会、祭りなどが行われていたフォロ・ロマーノ

た。帝政になると皇帝たちは凱旋門や劇場、円形闘技場（**コロッセウム**）などを次々と建てた。後80年に完成したコロッセウムでは剣闘士同士の戦いや、剣闘士と猛獣の格闘などの見世物が行われた。一度に千数百人が入浴できるカラカラ浴場は、図書館や体育室なども併設する巨大娯楽施設であった。これらの遺跡はローマの土木・建築技術の高さを今に伝えている。

　コンスタンティヌス帝が、313年にミラノ勅令を発して迫害され続けてきたキリスト教を公認すると、キリスト教文化が栄えた。コンスタンティヌス帝は、ローマ帝国最大の凱旋門である**コンスタンティヌスの凱旋門**やサン・ジョヴァ

ンニ・イン・ラテラーノ聖堂を建造し、330年にコンスタンティノープル★に遷都したことでも有名である。

　やがてキリスト教が392年にローマ帝国の国教となると、キリスト教の聖堂が多くつくられるようになった。ローマ人が信仰するす

約5万人を収容できたコロッセウム

オクタヴィアヌス：カエサルの養子。元老院からアウグストゥス（尊厳者）の称号を授かる。ローマ帝国初代皇帝。　**コンス**
タンティノープル：現在のイスタンブル。P.106参照。

べての神々を祀っていた**パンテオン**もまた、609年に教皇に献上されてキリスト教の聖堂となっている。8世紀に、フランク王国のピピン3世がラヴェンナ地方をローマ教会へ寄進しローマ教皇領が成立すると、西欧キリスト教世界の中心として強い影響力のもと発展した。

五賢帝の一人ハドリアヌス帝が再建したパンテオン

　ローマは古代から中世において、ヨーロッパ世界の中心的都市であり続け、またローマ帝国の文化は現在にも大きな影響をおよぼしている。ローマの土木・建築技術に影響を受けた建築物が世界中でみられるだけでなく、ヨーロッパの多くの言語でローマ字が用いられ、ローマ法は法律学や各国の法令に影響を与え、カエサルのユリウス暦をもとにするグレゴリウス暦★は現在でも使われている。

　ローマの歴史地区の登録範囲は当初、サンタンジェロ城を含むアウレリアヌスの城壁に囲まれたローマ帝国最盛期の建造物群であったが、その後、教皇ウルバヌス8世が築いた城壁内にまで範囲が拡大された。また登録物件には、ヴァティカン市国の直轄である初期キリスト教建造物、サン・パオロ・フォーリ・レ・ムーラ聖堂(唯一城壁外の物件)、サンタ・マリア・マッジョーレ聖堂、サン・ジョヴァンニ・イン・ラテラーノ聖堂も含まれる。

📖♪ 英語で読んでみよう！ Rome was first the center of the Roman Republic, then capital of the Roman Empire. It became the capital of the Christian world in the 4th century. Rome still boasts of the remains of many major monuments from antiquity such as the Colosseum and of papal Rome★.

グレゴリウス暦：前46年に制定されたユリウス暦に代わり、1582年に教皇グレゴリウス13世によって制定された太陽暦。
papal Rome：ローマ教皇領

アジア世界の形成と宗教

· · ·

アジア世界の遺産は、広大なアジア地域に花開いた
文化や宗教の多様性を今に伝える。

Photo :『アンコールの遺跡群』(カンボジア王国)、アンコール・トムにある「勝利の門」

4

中華文明の形成

中華人民共和国

🏛 **万里の長城**
The Great Wall

[文化遺産]

登録年 **1987年** 　登録基準 **(i)(ii)(iii)(iv)(vi)** ▶

❯ 世界最大の建造物

　万里の長城★は、**北方民族の侵入を防ぐため**春秋時代から建造が始まり、続く戦国時代には、隣国に対する**防御壁として**各国が個々に城壁を築いた。当時の城壁は、騎馬が越えられない高さに土を盛って固めた簡素なものであった。

　これらの城壁をつなげたのは、前221年に中国を統一した**秦の始皇帝**である。始皇帝は、匈奴に備え城壁を修築したが、このために多くの農民を徴発して過酷な労働を強いたため、命を落とす者も多かった。一方、長城の建設によって漢民族が辺境地域に進出し、北方民族に中国文化が伝わっていった。前漢時代に入ると、長城は、敦煌付近まで建造され、その後も増改築が繰り返された。

　現存する長城のほとんどが築かれたのは、明（1368～1644年）の時代である。明代では、高温で焼いたレンガや石灰が大量に使われ、長城はより堅固になった。現在、多くの観光客が訪れる北京郊外の**八達嶺長城**は、明代に修築されたものである。北方民族の女真族の王朝である清（1616～1912年）の時代、長城は整備されずに放置され、その大部分は荒廃したが、中華人民共和国成立後に文化財として保護活動が行われるようになった。東端の渤海湾に臨む山海関から西端の嘉峪関までの距離は約3,000kmだが、明代には二重になっている所や分岐している所を合わせて延べ8,900kmに及び、それ以前につくられた長城の遺構も合わせると、総延長距離は約20,000kmに達するとされる。世界遺産には、保存状態のよい「八達嶺長城」「山海関」「嘉峪関」の3つのエリアが登録されている。

[歴史にリンク] **秦の始皇帝の統一事業**

中国を統一した始皇帝は、中央集権体制を確立するために、度量衡、文字、貨幣など様々な統一事業を行った。また、思想・言論統制を強化し、儒家をはじめとする諸学派を弾圧した（焚書坑儒）。これは後世の儒家が誇張したものともいわれる。

高さ平均約8m、幅平均約4.5mの万里の長城

中華人民共和国

曲阜の孔廟、孔林、孔府
Temple and Cemetery of Confucius and the Kong Family Mansion in Qufu

[文化遺産]　登録年 ▶ 1994年　登録基準 ▶ (i)(iv)(vi)

❯ 孔子の生誕地、終焉地

　春秋時代の思想家である**孔子★**は、魯の首府である曲阜に生まれた。彼の開いた**儒学**は、前漢の武帝が官学として以来、ほとんどの王朝で重んじられ、朝鮮や日本など東アジアの国々に大きな影響を与えた。曲阜の孔廟、孔林、孔府は孔子ゆかりの遺構である。

　孔廟は、魯の哀公が孔子の死をしのび、孔子の住居を改築して廟としたことに始まるといわれる。現在100を超える堂宇が並んでいるが、その多くは明代末～清代に建てられたものである。孔林は孔子とその子孫の墓所で、総面積は200万㎡にも及ぶ。孔府は、孔子の子孫たちの私邸兼役所だった場所で、孔家77代までがここに住んだ。これらの遺構は、文化大革命の際に一部破壊されたが、その後修復された。

孔林の入り口にある門

万里の長城：名称は、司馬遷の『史記』にその長さが「万余里」と記されたことに由来する。　**Qin Shi Huang**：秦の始皇帝
孔子：紀元前551ごろ～前479。儒学の祖で、諸国を巡った後、古典の整理や弟子の教育を行った。

東南・中央アジア世界の形成

アンコールの遺跡群
Angkor

[文化遺産]　登録年 **1992年**　登録基準 (i)(ii)(iii)(iv) ▶

> **ジャングルに隠れていたクメールの都城**

タイ
アンコールの遺跡群　ラオス
バンコク
ミャンマー
プノンペン　ベトナム
タイランド湾
カンボジア
南シナ海

　ヒンドゥー教寺院**アンコール・ワット**と都城跡の**アンコール・トム**に代表される『アンコールの遺跡群』は、クメール人の王朝であるアンコール朝の都市遺跡である。879年、この地はアンコール最古の寺院プリア・コーのヒンドゥー教寺院が建立された後に王都となり、歴代の王が都城と寺院を次々と造営していった。

　しかし、1431年ごろ隣国タイ族のアユタヤ朝に滅ぼされると、アンコールの都城と寺院はジャングルの中に埋もれ、忘れ去られてしまった。

　アンコール遺跡最大の寺院は、面積2㎢に及ぶアンコール・ワットである。その5つの塔は、神々が住む須弥山(メール山)を表現している。堀は6つの大地の間に存在する7つの海を表し、中央の塔を囲む回廊には、ヒンドゥー神話をもとにした「乳海攪拌」や、『**ラーマーヤナ★**』にまつわる場面のレリーフ(浮き彫り)がある。また、のちに仏教寺院に改修されている。

　アンコール・ワットの北約1.5㎞に、13世紀初頭に完成した最大の都城アンコール・トムがある。建造したジャヤヴァルマン7世が仏教を篤く信仰していたため、アンコール・トムには仏教的要素の強い建造物が多い。

　1860年、フランスの博物学者アンリ・ムオに発見されると、遺跡の調査・研究が進められ、世界の注目を集めた。しかし、1970年代のカンボジア内戦により、遺跡が破壊と崩壊の危機にさらされていたため、停戦成立の翌年、世界遺産登録と同時に危機遺産にも登録された。日本などによる修復支援や保存作業が行われた結果、2004年に危機遺産リストから脱した。

[歴史にリンク] **東南アジアの権力者は、港市を支配した**

　東南アジアは、海上交易(「海の道」)の中継地として、また輸出品の宝庫として注目された。島嶼部や大陸沿岸に住む諸民族は、紀元前後から港市国家を建国し、扶南国(現在のカンボジア)やチャンパー(現在のベトナム中央部)などが栄えた。

1
2
3
4

アジア世界の形成と宗教

カンボジアの国旗にも描かれているアンコール・ワット

🎧 **英語で読んでみよう！** Angkor which contains the remains of capitals of the Khmer Empire from the 9th to the 15th century, such as the Hindu temple of Angkor Wat and the castle city of Angkor Thom. Due to civil war, Angkor had been inscribed on the List of World Heritage in Danger★.

インドネシア共和国

ボロブドゥールの仏教寺院群
Borobudur Temple Compounds

[文化遺産] ┃登録年▶ 1991年┃ ┃登録基準▶ (i)(ii)(vi)┃

> **現在のイスラム教国に残る仏教の聖地**

　ジャワ島中部のボロブドゥール寺院は、シャイレンドラ朝によって、770年ごろ〜820年ごろに築かれた。自然の丘に盛り土をし、約115 m四方の基壇の上に5層の方形壇、その上に3層の円形壇、頂上には**ストゥーパ**★がそびえる。方形壇の回廊を上階へ上っていくことで、仏教の真理（涅槃の境地）に到達するといわれている。回廊の壁面には、1,300面のレリーフがあり、時計回りに展開するストーリーは、**ブッダの一生や教えを伝えている**。中に入ることができないのも、この寺院の特徴である。

　ボロブドゥール寺院から東に一直線に並ぶパウォン寺院とムンドゥー寺院を合わせた3つの寺院が、世界遺産に登録されている。

立体曼荼羅のようなボロブドゥール寺院

ラーマーヤナ:『マハーバーラタ』とともにヒンドゥー教の聖典とされるインドの大叙事詩。　**the List of World Heritage in Danger**:危機遺産リスト　**ストゥーパ**:ブッダ（釈迦）の遺骨（仏舎利）を納める仏塔。卒塔婆の語源である。

ラサのポタラ宮歴史地区
Historic Ensemble of the Potala Palace, Lhasa

[文化遺産] ■ 登録年 **1994年／2000年、2001年範囲拡大**　■ 登録基準 (i)(iv)(vi) ▶

モンゴル
ネパール
ブータン 中国 北京
ラサのポタラ宮歴史地区
ミャンマー

❷ チベット仏教の聖地ラサにそびえる宮殿

　標高約3,650mに位置するラサは、**チベット仏教★**の聖地でありチベットの政治・文化の中心である。ラサをチベットの都としたのは、7世紀初めにチベットを統一した吐蕃の王ソンツェン・ガンポである。ソンツェン・ガンポは、インドと中国（唐）の仏教文化を積極的に取り入れ、サンスクリット語の教典をチベット語に翻訳させるなど、チベット文化の基礎を築いた。

　ポタラ宮は、ソンツェン・ガンポが城を築いた丘に、チベットを統一したダライ・ラマ5世が17世紀に建設を始めた宮殿である。その後、歴代の**ダライ・ラマ**による増改築の末、1936年に外観13層、約1,000部屋を有する現在の姿になった。内部には、ダライ・ラマの冬の住居で政治や宗教儀式も行われた「白宮」と、歴代のダライ・ラマが眠る霊廟「紅宮」がある。「白宮」には698点の壁画や約1万点の巻物、膨大な量の彫像があり、「紅宮」には金箔で装飾された歴代ダライ・ラマの霊塔がおかれている。

白い「白宮」と赤い「紅宮」に分かれるポタラ宮

　2000年にはチベット仏教の総本山でソンツェン・ガンポの妃が創建したジョカン寺が、2001年には歴代ダライ・ラマの夏の離宮であるノルブリンカ（「宝の園」を意味する）が範囲拡大により世界遺産に登録された。ジョカン寺は仏教

歴史にリンク ▶ **人類史上最大の帝国、モンゴル帝国の分裂**

　13世紀、チンギス・ハンが建てたモンゴル帝国はユーラシア大陸に君臨する大帝国となった。モンゴル人は家畜が財産であるため分割相続を伝統としていた。チンギス・ハンの死後、大帝国は4つのハン国、そして元朝に分裂した。

の教えを広めるために7世紀に創建され11世紀初頭に再建された。木と石で造られており、中国、インド、ネパールの影響を受けたチベット仏教様式の卓越した事例である。18世紀に築かれたノルブリンカは花々で彩られ、チベット芸術の傑作とされている。

チベット仏教様式の卓越した事例ジョカン寺

　1951年にチベットが中華人民共和国に併合されると、チベット仏教の最高指導者ダライ・ラマ14世はインドへ亡命した。主が不在となったポタラ宮は中国政府に接収され、現在は博物館となっている。

モンゴル国

🏛 **グレート・ブルカン・カルドゥン山と周辺の聖なる景観**
Great Burkhan Khaldun Mountain and its surrounding sacred landscape

[文化遺産] 　登録年 ▶ **2015年**　登録基準 ▶ **(iv)(vi)**

ロシア
グレート・ブルカン・カルドゥン山と周辺の聖なる景観
ウランバートル・モンゴル
中国　北京

> ❯ **チンギス・ハンゆかりの聖なる山**

　ブルカン・カルドゥンは、モンゴルの北東部、ヘンティー山脈の中央部に位置し、広大な中央アジアの大草原（ステップ）と針葉樹林（シベリア・タイガ）が接する場所にある。

　古くから山岳や「**オボー★**」と呼ばれる石塚などに対する信仰があり、シャーマニズムと仏教が融合した祭事が行われてきた。モンゴルの遊牧民の諸部族を統一し、モンゴル帝国の初代皇帝となった**チンギス・ハン**がこの地で生まれ、没したと信じられており、ブルカン・カルドゥンへの信仰をもとにモンゴル民族の統一をめざしたとされる。

「ブルカン・カルドゥン」は「神の山」という意味

チベット仏教：大乗仏教とチベット固有のボン教が融合して成立した仏教。　**オボー**：モンゴル各地でみられるチベット仏教の信仰対象となる石塚。

シルク・ロード：長安から天山回廊の交易網
Silk Roads: the Routes Network of Chang'an-Tianshan Corridor

文化遺産　登録年 **2014年**　登録基準 **(ii)(iii)(v)(vi)**

❯ 東西文化交流を促した壮大な交易路

　カザフスタン共和国、キルギス共和国、中華人民共和国の３ヵ国が共同申請し、一括（いっかつ）で登録された。シルク・ロードはローマからアジア各地を結ぶ壮大な道で、紀元前２世紀から後１世紀ごろに形成され、16世紀ごろまで主要な東西交易路として使われてきた。世界遺産として登録されたのは、その一部である中国の洛陽（らくよう）や西安（せいあん）から天山回廊（てんざんかいろう）を抜けてカザフスタンとキルギスに至る約5,000㎞の範囲である。交易路沿いに点在する33の構成資産には、都市遺跡や交易拠点、要塞跡（ようさいあと）、宗教施設などのさまざまな遺構が含まれており、長年にわたって東西の人と文化を結び、文明発展の一端を担ってきた歴史を物語っている。

　「シルク・ロード（絹の道）」は、19世紀のドイツの地理学者**フェルディナント・フォン・リヒトホーフェン**によって初めて使われた名称である。その名が示す通り、中国の絹を西方へ運ぶことによって開かれてきた。中国は絹の製法を秘密にしており、ほかの地域で生産することができなかったため、非常に貴重なものとして扱われた。一方、西方からはガラスや宝石、楽器などが運ばれた。今日、東大寺の正倉院正倉（しょうそういんせいそう）★にみられるガラス器の白瑠璃碗（はくるりのわん）はペルシアからこのシルク・ロードを渡ってもたらされたものである。こうした物資の運搬には、中央アジアのオアシス民である**ソグド人**が活躍した。ソグド人は隊商（キャラバン）を組んで東

交河城跡（中国）

歴史にリンク **シルク・ロードの開拓者　張騫（ちょうけん）**

　紀元前139年、前漢の武帝の命によって張騫が西域に派遣された。政治的な交渉は失敗に終わったものの、それまでほとんど知られていなかった西域事情が張騫の報告によって明らかになり、交易の道が開かれるようになった。

アジア世界の形成と宗教

1
2
3
4

交易路は天山山脈を通っていた（キルギス共和国）

　西に物資を運び、砂漠の水場にオアシス都市を築いて交易網を広げていった。オアシス都市には東西から多くの人々と物資が集まり、中継交易の拠点として繁栄していった。

　また、シルク・ロードは交易の面だけではなく、仏教やキリスト教、マニ教などの東方伝播においても重要な役割を果たした。とりわけ仏教においては、7世紀の唐の**玄奘**★が経典の原典を求めてたどった道として知られている。玄奘は16年の歳月をかけてインドから長安に経典を持ち帰って翻訳し、その後の仏教の発展に大いに貢献した。伝奇小説★『西遊記』の主人公三蔵法師は玄奘をモデルとしている。

　構成資産には、玄奘の遺骨が納められた舎利塔である興教寺塔や、玄奘がインドから持ち帰った経典などを納めた大雁塔も含まれている。交易路は今回登録された地域以外にも広がっており、今後も登録範囲の拡大が期待されている。

📖 英語で読んでみよう！ This property is a 5,000km section of the Silk Roads network that extends from Luoyang★ and Chang'an★ to Kazakhstan and Kyrgyz through Central Asia. Merchants from East and West travelled the road; this promoted cultural exchanges including those in religious beliefs, scientific knowledge and the arts.

正倉院正倉：P.048参照。　　**玄奘**：唐の僧。インドへの旅を著した『大唐西域記』にはシルク・ロード上の国や都市の記述がみられる。
伝奇小説：おもに中国の唐代に書かれた、超自然的なできごとを主題とする短編小説。　　**Luoyang**：洛陽　　**Chang'an**：長安

中華人民共和国

敦煌の莫高窟
Mogao Caves

文化遺産

登録年 1987年 登録基準 (i)(ii)(iii)(iv)(v)(vi)

⊙ シルク・ロードの中継点、敦煌

　敦煌は、前漢時代に**シルク・ロードの中継点**として発展した。中国や西方の物資や文化は敦煌を通って運ばれ、東西の人々の交流も活発に行われた。インドで誕生した仏教も、中央アジアから敦煌を経て中国に伝わった。

　中国三大石窟★のひとつである莫高窟は、西方から来た楽僔という僧侶が366年に掘り始めたと伝えられ、13世紀まで造営が続けられた。735の石窟のうち、敦煌文書研究所によって窟番号がつけられているものは492番までである。造営された時代は、隋代に97窟、唐代に225窟と集中している。莫高窟には2,000体以上の仏像が安置されており、「千仏洞」とも呼ばれている。ブッダの前世の説話や伝記などを描いた壁画もあり、これらをすべてつなぎ合わせると約25km、総面積は4万5,000㎡にもなる。また、莫高窟にある窟檐★のうち最大の九層楼には、莫高窟最大の約35mの仏像が納められている。

　1900年、道士の王円籙が、莫高窟内で、経典、文書、絹本の絵画、刺繍など5万点以上の文書を発見した。そのなかには、様々な言語で書かれた写本も多数含まれていた。彼の発見後、イギリスやフランス、ロシアなどの探検家たちがやってきて本国にこの文書を持ち帰ったために、世界各国に散逸してしまった。「敦煌文書」と呼ばれるそれらの文書類は、仏教、道教、儒教の経典や史書、小説、民間伝説、戸籍、契約書などで、史料的価値がきわめて高い。

　このように文化・建築・交易・芸術的に高い価値をもつ敦煌の莫高窟は、文化遺産の登録基準(i)〜(vi)をすべて満たす数少ない遺産である。

歴史にリンク **東西交易路はシルク・ロードだけではない**

　「シルク・ロード」はユーラシア大陸の東西交易路として有名であるが、その北部のルート「ステップ・ロード（草原の道）」や南方の海上を走る「マリン・ロード（海の道）」も東西交易路として重要な役割を果たした。

高さ40mに達する九層楼

中央アジア　莫高窟　モンゴル　16世紀　4世紀ごろ　朝鮮
バーミヤン　1世紀前後　雲岡石窟
ガンダーラ　チベット　龍門石窟　日本　4世紀ごろ　6世紀ごろ
1世紀ごろ　7世紀前後
イラン　中国
インド　ミャンマー　11世紀ごろ
アジャンター　タイ　ルソン　13〜14世紀　アンコール・ワット
前3世紀　スリランカ　ボルネオ
スマトラ　ジャワ　ボロブドゥール

● ブッダ誕生地
→ 上座部系統
⇢ 大乗系統

インド

アジャンターの石窟寺院群
Ajanta Caves

[文化遺産] ● 登録年 **1983年** ● 登録基準 (i)(ii)(iii)(vi)

ネパール　デリー　バングラデシュ
イラン　インド
パキスタン　ベンガル湾
アラビア海　アジャンターの石窟寺院群　スリランカ

❷ アジア仏教美術の源流

　ムンバイ（ボンベイ）の北東約360kmの断崖にある全長約600mのアジャンターの石窟寺院群には、30以上の石窟が並ぶ。石窟は、前2〜後2世紀の前期窟と、グプタ朝★時代の5世紀中ごろ〜7世紀の後期窟に分けられる。前期窟にある壁画はほとんど剥がれ落ちているが、第10窟には**インド最古の仏教壁画**が残っている。

　礼拝のためのチャイティヤ窟には浮き彫りや仏像がみられ、僧侶たちが居住するためのヴィハーラ窟にはブッダの前世の説話（本生話）や伝記（仏伝図）などの壁画がある。第1窟の蓮華手菩薩は法隆寺金堂の壁画にも影響を与えたといわれ、アジャンターはアジアの仏教美術の源流といえる。また、唐の玄奘はアジャンターを訪れ、その繁栄ぶりを『大唐西域記』に記している。

蓮華手菩薩

中国三大石窟：「敦煌の莫高窟」「龍門石窟」「雲岡石窟」。いずれも世界遺産に登録されている。　　**窟檐**：石窟前面にひさしを突き出した形式の木造楼閣。　　**グプタ朝**：320年ごろ〜550年ごろ。チャンドラグプタ1世が創始、インド古典文化の黄金時代をつくった。

アジア世界の形成と宗教

スコータイと周辺の歴史地区
Historic Town of Sukhothai and Associated Historic Towns

[文化遺産]　登録年 **1991年**　登録基準 **(i)(iii)**

● タイ族初の王朝スコータイ朝

　スコータイは、タイ北部に位置するタイ族初の王朝スコータイ朝の古都である。タイ族は元来、中国南西部の四川・雲南方面に居住していたが、徐々に南下し、13世紀にはモンゴル族の中国侵入にともなってインドシナ半島に定着していった。タイ族は、先住民と同化しつつカンボジアのアンコール朝から自立、13世紀前半にスコータイ朝を建てた。スコータイとはパーリ語★で「幸福の夜明け」を意味する。

　スコータイ朝の最盛期を築いた第3代のラームカムヘーン王は**上座部仏教**を国教とし、クメール（カンボジア）文字を改変してタイ文字を制定した。しかし、その後王朝は衰退し、1438年には同じタイ族のアユタヤ朝★に併合された。

　遺跡の中心となるのは三重の城壁に囲まれた都城で、遺跡内最古の建造物であるヒンドゥー教のほこらター・パー・デーン堂やスコータイ朝初代の王が建造したといわれる寺院**ワット・マハータート**、クメール風の仏塔が並ぶワット・シー・サワイなどの仏教寺院が残る。

　また、城壁の外にも数多くの寺院の遺構があり、様々な仏像が発見されている。なかでも、ワット・シー・チュムにある高さ14.7mの仏陀坐像「**アチャナ仏**」が有名である。これらの寺院や仏像は、クメールやシンハラ（スリランカ）、ミャンマーなどの文化を融合させたスコータイ独自のものである。

　スコータイ郊外の都市遺跡シー・サッチャーナライと城塞都市カンペーン・ペットも、世界遺産に登録されている。カンペーン・ペットはスコータイ朝の重要な軍事拠点で、最後の王がアユタヤ朝に臣従を誓った場所でもある。いずれの遺産にも、スコータイ様式の建築がみられる。

歴史にリンク 　**東南アジア大陸部の宗教……ヒンドゥー教から上座部仏教へ**

　現在、東南アジア大陸部は上座部仏教の信仰が篤い地域である。スコータイ朝に続くアユタヤ朝でも上座部仏教が篤く信仰され、それまで東南アジアの宗教の中心となっていたヒンドゥー教は、影をひそめることになったのである。

ワット・マハータート寺院跡の仏像

大韓民国

『八萬大蔵経』版木所蔵の海印寺

Haeinsa Temple Janggyeong Panjeon, the Depositories for the *Tripitaka Koreana* Woodblocks

文化遺産 ｜ **登録年** 1995年 ｜ **登録基準** (iv) (vi)

『八萬大蔵経』
版木所蔵の
海印寺

❱ モンゴル軍の退散を祈念して彫造

　韓国南部の海印寺(ヘインサ)には、『八萬大蔵経(はちまんだいぞうきょう)』の版木(はんぎ)8万枚以上が所蔵されている。936年に朝鮮半島を統一した高麗王朝は仏教を篤く保護し、仏教経典の全集である大蔵経を版木で彫造(ちょうぞう)した。現在に伝わる版木は1232年に彫り始められたもので、モンゴル軍の侵攻で焼失したが、**モンゴル軍の退散と鎮護国家を祈念(きねん)**して復刻されたものである。全部で81,258枚あるため、「八萬」の名前がつけられた。

　版木1枚の大きさは縦約24cm、横約69cm、厚さ3.8cmで、全面に漆(うるし)が塗られている。納められている板庫(蔵経板殿)(チャンギョンパンジョン)は東大寺正倉院(しょうそういん)と同じ**校倉造り(あぜくらづくり)**で、その床は木炭・石灰・塩を重ねた土間になっており、湿気が調節されている。

八萬大蔵経の版木

　東西約150m、南北約300mにも及ぶ海印寺の名は、『華厳経(けごんぎょう)』の中にある「海印三昧(かいいんざんまい)」に由来する。これは、衆生(しゅじょう)★の悩みである波が消え、世界本来の姿が静かな海に映る悟りの境地を表している。

パーリ語：古代インドの言語で、上座部仏教の経典で使用されている。　**アユタヤ朝**：1351〜1767年。タイ北部からチャオプラヤ川デルタに進出して繁栄したタイ族の王朝。　**衆生**：命あるものすべて。

4-4 イスラム教

イスタンブルの歴史地区
Historic Areas of Istanbul

文化遺産

登録年 **1985年／2017年範囲変更**　登録基準 **(i)(ii)(iii)(iv)** ▶

● 東西文化交流の要衝として栄えた歴史都市

　アジアとヨーロッパの境界に位置するイスタンブルは、古代から交易上重要な都市であった。旧市街地は、北が金角湾（きんかくわん）、東がボスフォラス海峡、南がマルマラ海と三方向を海に囲まれており、防衛上優れた条件も兼ね備えているため、この地の領有権を巡って、抗争がたびたび起きた。また、旧市街地にはモスクや教会など数多くの歴史的建造物が残っているため、「東西文明の十字路」とも呼ばれている。

　イスタンブルは、古代ギリシャの時代には、前7世紀ごろにこの都市を建設したとされるメガラの王ビザスの名にちなんでビザンティオンと呼ばれていた。古代ギリシャ以降のビザンティオンの支配者はスパルタ、アテネ、マケドニアと交代していった。

　2世紀末にはローマ帝国がビザンティオンを占領。330年にこれまでの皇帝と対立していたコンスタンティヌス帝が都をローマからビザンティオンに移して、都市名を**コンスタンティノープル**とした。395年のローマ帝国分裂後は、ビザンツ帝国（東ローマ帝国）の都となり、西ローマ帝国滅亡後も繁栄し、ビザンツ文化と呼ばれる芸術や建築が花開いた。また、カトリック教会と対抗したギリシャ正教会の中心として宗教・文化の重要な拠点でもあった。しかしその後、コンスタンティノープルは同じキリスト教の第4回十字軍（1202〜04年）に占領され、一時はラテン帝国の首都が置かれるなど政情が不安定になり、ビザンツ帝国は衰退していった。

歴史にリンク ▶ **カピチュレーション**

　オスマン帝国の皇帝スレイマン1世が、友好関係を深めるためにフランスに与えた治外法権的な特権をカピチュレーションという。その後、イギリスやオランダなどにも与えたが、帝国が衰退すると、欧米列強に不平等条約として利用されるようになった。

1
2
3
4

アジア世界の形成と宗教

英語で読んでみよう！

Istanbul, which was known as Constantinople in olden times, is a historical city located on the border of Asia and Europe. The Hagia Sofia★, originally a Christian cathedral, was rebuilt as an Islamic mosque by the Ottoman Empire★ in the 15th century.

アヤ・ソフィア内のキリスト教のモザイク画

　1453年、オスマン帝国のメフメト2世が艦隊を山越えさせ難攻不落のコンスタンティノープルを陥落させると、オスマン帝国の都としてイスタンブルという呼び名が定着した。メフメト2世は、ギリシャ正教会の総本山であった**アヤ・ソフィア★**をはじめ、ギリシャ正教会の建物を次々とモスクに改築する。聖堂内の壁や天井を美しく飾った、イコンと呼ばれるキリスト教のモザイク画は漆喰で塗り消され、ミナレット（尖塔）などが増築された。またメフメト2世が建造したトプカプ宮殿には歴代のスルタン★が居住し、オスマン帝国の政治がこの宮殿で行われたことで、宮廷文化が花開いた。

　16世紀、オスマン帝国はスレイマン1世の時代に全盛期を迎えた。高さ約50mのドームをもつ巨大なスレイマニエ・モスクは、スレイマン1世が建設させたものである。その後17世紀初めには、アフメト1世が青いタイルの内装をもつ美しい**ブルー・モスク**を建造したが、スレイマン1世亡き後は内政が不安定になり、17世紀後半ごろからオスマン帝国は衰退し始めた。

　オスマン帝国が第一次世界大戦で敗北し、1923年にトルコ共和国となると首都はアンカラに移された。しかし、その後もイスタンブルはアジアとヨーロッパを結ぶ大都市として繁栄している。

ブルー・モスク

The Hagia Sofia：アヤ・ソフィア　the Ottoman Empire：オスマン帝国　**アヤ・ソフィア**：ギリシャ語で、神をさす「聖なる叡智」の読み。　**スルタン**：セルジューク朝時代から用いられた、イスラム世界の世俗君主の称号。

イスファハーンのイマーム広場

Meidan Emam, Esfahan

文化遺産　登録年 **1979年**　登録基準 **(i) (v) (vi)**

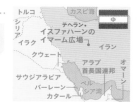

❷ **「世界の半分」と称された壮麗な古都**

　イスファハーンは、サファヴィー朝全盛期の**アッバース1世**（在位1587～1629年）が、『コーラン』に記された楽園を理想としてイラン高原に築いた都で、政治、商業、交通の拠点としての繁栄ぶりは「イスファハーンは世界の半分」と称された。

　イスファハーンの中心にある、2層構造の回廊に囲まれた「イマーム★広場」は、南北510m、東西160mの巨大な広場である。ペルシア発祥の球技であるポロの競技や数々の式典、公開処刑などが行われていた。回廊の1階に連なる商店は、旧市街地へ続くバザール（常設市場）とともに現在でも多くの人々を集めている。

　回廊に組み込まれる形で宮殿やモスクが建造されており、その中の**アリー・カプー宮殿**は、15世紀のティムール朝の宮殿にアッバース1世が2層の建物を付設したものである。宮殿内の壁は、鳥や人物の細密画で埋めつくされ、最上階には音楽ホールを備えている。

　イマーム広場のなかで最大のモスクは、アッバース1世の命令により建造された高さ47mのドームをもつイマームのモスクで、1630年に完成した。モスクの中庭は、モスクをメッカの方向に合わせるために、イマーム広場から約45度ずれている。ブルーで統一されたこのモスクが「男性のモスク」と呼ばれるのに対し、「女性のモスク」と呼ばれるのが、黄色のタイルで飾られたシャイフ・ロトフォッラー・モスクである。アッバース1世の父の名を冠した、王家専用のモスクとなっている。これらのモスクには、彩色タイルによって彩られた幾何学的な**アラベスク模様★**があしらわれており、偶像崇拝が禁止されたイスラム文化で発達した高い芸術性と技術の高さをみることができる。

歴史にリンク **現在のイランの国教の始まり**

　現在のイランはイスラム教シーア派の国である。その歴史はサファヴィー朝に始まる。長い異民族支配の歴史を打ち破り、1501年に建国したサファヴィー朝は、スンニ派のオスマン・トルコに対抗し、イラン人の民族意識を高めるためシーア派を国教とした。

イマームのモスク。イラン建築の最高傑作とも称される。

インド

タージ・マハル
Taj Mahal

文化遺産 [登録年 ▶ 1983年] [登録基準 ▶ (i)] ▶

◗ 愛妃の霊廟

　インド北部アーグラにあるタージ・マハルは、ムガル帝国５代皇帝**シャー・ジャハーン**の愛妃**ムムターズ・マハル**の霊廟★である。皇帝の遠征に同行していたムムターズ・マハルは、14人目の子供を出産した後に亡くなった。皇帝は国民に２年間喪に服することを命じた後、約20年かけて妃の霊廟を建設した。

　1648年に完成した霊廟は、総面積17万㎡の広大な敷地に白大理石で建てられている。フランスの金細工師やイタリアの宝石工など世界各地から集められた職人が建設にかかわった。霊廟の西側に赤砂岩でつくられたモスク、反対側に迎賓館がある。水路などで全体が４分割されたペルシア式の幾何学庭園（チャハル・バーグ）は、『コーラン』の「天上の楽園」を再現している。

🔖 英語で読んでみよう！　Taj Mahal, a beautiful white marble mausoleum, was built by Mughal Emperor★ Shah Jahan in memory of his beloved wife, Mumtaz Mahal. The ground plan of the Taj Mahal exhibits a perfect balance in composition, and is considered to be the greatest architectural achievement of Indo-Islamic architecture.

イマーム：シーア派では、最高指導者の意味。　**アラベスク模様**：植物やアラビア文字を抽象化して図案にしたイスラム独特の模様。　**ムムターズ・マハルの霊廟**：シャー・ジャハーンの棺も妃の棺の横に安置されている。　**Mughal Emperor**：ムガル皇帝

世界三大宗教

キリスト教、イスラム教、仏教は、民族や国家を超えて広く信仰されることから「世界三大宗教」と呼ばれている。長い歴史のなかで、各地の文化や政治に大きな影響を与えてきた。三大宗教に関わる世界遺産も多い。

キリスト教の誕生

キリスト教は、紀元1世紀にイエスの教えに基づいてローマ帝国支配下のパレスチナで誕生した。イエスはユダヤ社会の宗教的伝統に対する改革者として出現し、神への愛と隣人愛を説いたが、その革新性からやがてローマに対する反逆者として、十字架にかけられ処刑された。その後、イエスは死後に復活をとげたとされたことから神格化され、イエスをキリスト（救世主）とする信仰が成立し、これがイエスの弟子である十二使徒らの宣教活動によって、ローマ帝国内外へと広められた。今日では、世界で最も信者が多い宗教である。

イスラム教の誕生

イスラム教の開祖は、6世紀末にアラビアのメッカで商人をしていたムハンマドである。唯一神（アッラー）から啓示を受けたムハンマドは、預言者として偶像崇拝を否定し、公正の実現や弱者救済を厳格に主張した。ところがその布教活動はメッカの大商人から迫害を受け、ムハンマドは信者とともに622年にメディナに移住した。これをヒジュラ（聖遷）という。以後イスラム教団が形成され、メッカを奪回するもムハンマドはそこで死去した。その後、彼の後継者であるカリフを中心としてイスラム教勢力は急速に拡大していった。現在では中央アジアからアフリカ北部、東南アジアに広まり、民族を超えた宗教となっている。

仏教の誕生

仏教の誕生は、前6～前5世紀ごろと古い。インド東北部・釈迦族の小国の王子ガウタマ・シッダールタが、ブッダガヤの菩提樹で瞑想し、悟りを開いたことが起源である。シッダールタは真理に目覚めたブッダ（仏陀）となり、人々が悩みや迷いなどとして現れる苦から脱却し、自らが悟りを開くことを説いていった。ブッダは四諦と八正道（四つの真理と八つの正しい道）を唱えて、おもにガンジス川流域で伝道を続けた。死後、弟子やその後継者たちによって教えは体系化され、現在アジア各地に多くの分派がある。

ヨーロッパ中世とルネサンス、大航海時代

● ● ●

中世ヨーロッパに誕生した都市国家は、
激動した宗教や文化、政治・経済を象徴している。

Photo :『グラナダのアルハンブラ宮殿、ヘネラリーフェ離宮、アルバイシン地区』(スペイン)、
コマーレス宮殿

5

西ヨーロッパ世界の成立

パリのセーヌ河岸
Paris, Banks of the Seine

文化遺産　｜　登録年▶1991年／2024年範囲変更　｜　登録基準▶(i)(ii)(iv)

イギリス　オランダ
ベルギー　ドイツ
パリのセーヌ河岸
スイス
アンドラ　フランス
スペイン　モナコ　イタリア
地中海

❥ 伝統と革新が息づく文化都市

　前3世紀、セーヌ川中洲のシテ島に住み始めたケルト系の人々のことを、ローマ人は「パリシイ（田舎者・乱暴者）」と呼び、これがパリの語源となった。前52年ごろ、古代ローマがこの地を攻略してから、河川交通の要所として栄え、ルテティア・パリシオルムと呼ばれた。4世紀中ごろからパリと呼ばれている。

　10〜14世紀のカペー朝時代には、フランス王国の都として大いに発展し、美しいステンドグラスが特徴であるゴシック様式の**ノートル・ダム大聖堂**やサント・シャペル★が建てられた。カペー朝断絶後に成立したヴァロワ朝のフランソワ1世が、セーヌ川右岸の**ルーヴル宮**を正式に王宮に定めて以来、右岸は政治・経済の中心として発展した。王宮は現在、世界有数の芸術作品を所蔵するルーヴル美術館となっている。また、カルティエ・ラタン★がある左岸は、ソルボンヌ大学があり、学問・文化の中心として発展した。

　1789年、パリでフランス革命が勃発し、ルイ16世やマリー・アントワネットなど多くの人々がパリの革命広場で処刑された。1795年にこの広場はコンコルド広場と改称されている。その後もパリでは、ナポレオン1世の第一帝政、七月革命、二月革命が起こるなど、19世紀のヨーロッパ全体に大きな影響を与えた。

　19世紀後半のナポレオン3世の治世になると、パリは**セーヌ県知事オスマン**によって大改造された。放射状の道路の各交差点に、象徴となる建造物が配置された。この時に生み出された街並は、世界中の都市計画のモデルにもなった。1889年には、パリを代表する建造物エッフェル塔も建てられた。

> **歴史にリンク**　「外交の舞台」パリで結ばれた講和条約
>
> 　パリでは多くの講和条約が結ばれている。アメリカ独立戦争は1783年のパリ条約、クリミア戦争は1856年のパリ条約で講和している。また、第一次世界大戦では、パリ講和会議の後、ヴェルサイユ条約のほかパリ近郊で5つの条約が調印された。

英語で読んでみよう！

Paris is a city with a history stretching for more than 2,000 years. Historically the right bank of the Seine River has been the center of government and economy, while science and culture have flourished on the left bank.

パリ万博のメイン・モニュメントとして建てられたエッフェル塔

> ヴァティカン市国

ヴァティカン市国
Vatican City

文化遺産　　登録年 **1984年**　　登録基準 (i)(ii)(iv)(vi) ▶

> **世界最小の独立国家にしてカトリック教会の頂点**

　　ローマ市内にあるヴァティカン市国は、ローマ教皇を国家元首とする人口約800人の世界最小の独立国である。1929年にイタリアのムッソリーニ政府とローマ教皇庁の間で結ばれたラテラーノ条約により誕生した。国の面積は世界最小ながら、世界中のカトリック教会の頂点に立ち、キリスト教徒にとって最も神聖な場所のひとつである。また、**国全体が世界遺産に登録されている唯一の場所**である。

　　この地にローマで殉教した**聖ペテロ**の墓があると伝えられ、4世紀にバシリカ式の教会堂が創建された。この教会堂は、創建から1,000年以上たって老朽化が進んだため、16世紀初頭からブラマンテやラファエロ、ミケランジェロなどルネサンスの芸術家たちが参加して大改修が行われた。約120年かけて、現在のサン・ピエトロ大聖堂が完成した。

サン・ピエトロ大聖堂内の「地図の間」

サント・シャペル：ルイ9世の命により、キリストの茨の冠と十字架の断片を安置するために建てられた礼拝堂。　　**カルティエ・ラタン**：「ラテン地区」という意味。12世紀にこの地区の大学でラテン語の授業が行われていたことにちなむ。

ヴェネツィアとその潟

Venice and its Lagoon

文化遺産　|　登録年 **1987年**　|　登録基準 (i)(ii)(iii)(iv)(v)(vi) ▶

◉ 貿易で栄えた水の都ヴェネツィア

　潟(ラグーナ)★の上に築かれた都市ヴェネツィアは、泥土に杭を打ち込み、イストリア石という耐水性に優れた石灰質の石を積んだ上に都市の基盤がつくられている。こうしてできた118の島は400以上の橋で結ばれている。しかし現在、地下水や天然ガスの採取の影響で街が**海に沈み始めており**、ユネスコなどが救済活動を展開している。

　6世紀ごろウェネティ(ヴェネト)人がこの地に住み始め、7世紀末にはヴェネツィア共和国として実質的に独立した。12世紀以降は領土や商業圏を拡大し、15世紀初めにはアドリア海沿岸からギリシャ、キプロス、地中海東岸に達した。東方貿易の一大交易拠点として経済的に発展したことから、「アドリア海の女王」と呼ばれた。東方貿易では、地中海東岸地方からヴェネツィアなどの北イタリア諸都市を経由して、香辛料や織物などがヨーロッパにもたらされた。この貿易により、最盛期には地中海世界に君臨する強国となったが、16世紀以降は地中海商業の衰退とともに国力が衰え、1797年にナポレオン1世による侵略を受け、独立を失った。

　9世紀には、聖マルコの聖遺物を祀る**サン・マルコ大聖堂**がつくられ、11世紀に現在のビザンツ様式に改築された。大聖堂前のサン・マルコ広場は、世界で最も美しいとも称される。9世紀に城塞として建造され、14世紀に総督の邸宅へと改築された**ドゥカーレ宮殿**内には、世界最大級の油絵であるティントレットの「天国」や、ティツィアーノ★の作品など多くの絵画が飾られている。

歴史にリンク　ハンザ同盟

　ハンザ同盟は、ドイツ北部の諸都市が皇帝や諸侯に対抗するために組織した都市同盟で、リューベックを盟主としてハンブルクやブレーメンなど、加盟市は100を超えた。共通の会議をもち、貨幣や度量衡を統一しただけでなく、陸海軍も保持していた。

サイドタブ: 1 2 3 4 5　ヨーロッパ中世とルネサンス、大航海時代

海上に築かれたヴェネツィアの街並

 ドイツ連邦共和国

ハンザ都市リューベック
Hanseatic City of Lübeck

[文化遺産] ［登録年］ 1987年／2009年範囲変更 ［登録基準］ (iv)

●「ハンザの女王」と呼ばれた自由都市

　中世ヨーロッパ最大の商業同盟であるハンザ同盟の盟主リューベックは、海港をもち、17世紀に同盟が解散するまで繁栄し続けた。かつては「ハンザの女王」と呼ばれた。城門であるホルステン門をくぐると旧市街が広がり、ドイツ最古のゴシック建築のひとつである市庁舎やマルクト広場、聖マリア聖堂などの5つの聖堂、船員組合会館など13世紀末から17世紀の建築物が並ぶ。

　ハンザ商人たちの住居は、赤レンガづくりで両側に**階段状の大きな破風**をもつ特有の建築様式で、1階の商取引の場から塩やタラ、ニシン、穀物などの商品が巻き上げ機で上階に運び上げられていた。ノーベル文学賞を受賞したトーマス・マンの出身地としても知られる。

リューベックのホルステン門

潟（ラグーナ）：砂州によって海から隔離された湖沼地形。　**ティツィアーノ**：1490ごろ〜1576年。イタリア・ルネサンス時代のヴェネツィア派の画家。

レコンキスタと十字軍

グラナダのアルハンブラ宮殿、ヘネラリーフェ離宮、アルバイシン地区
Alhambra, Generalife and Albayzín, Granada

文化遺産

登録年 ▶ **1984年／1994年範囲拡大**　登録基準 ▶ (i)(iii)(iv) ▶

❯ イベリア半島最後のイスラム王朝

　イベリア半島は、711年にウマイヤ朝★が侵略して以降、イスラムの勢力下に入った。これに対しキリスト教勢力は、イベリア半島の北部からイスラム勢力の駆逐運動**レコンキスタ**(国土回復運動)を始めた。これによって、11世紀にイベリア半島の大部分を支配していた後ウマイヤ朝が滅亡。キリスト教勢力とイスラム勢力の戦いがスペイン各地で繰り広げられるなか、1232年、イベリア半島南部にイスラム王朝のグラナダ王国(ナスル朝)が成立する。アルハンブラ宮殿の建設はこの時代に始まった。しかし、1492年にキリスト教側からの総攻撃を受けて、イベリア半島におけるイスラム勢力の最後の牙城となっていたグラナダは陥落し、レコンキスタが完了した。

　キリスト教勢力下に置かれたグラナダでは、イスラム様式の建築物が次々と取り壊されたが、19世紀にイスラム建築が再評価され、修復作業が開始された。こうしてアルハンブラ宮殿は、世界のイスラム建築のなかでも最上級といわれる美しさを取り戻した。宮殿の内部は大理石の床や化粧漆喰の**アラベスク文様**、スタラクタイト★と呼ばれる鍾乳石装飾、透かし彫りの窓など、美しいイスラム装飾で彩られている。

　宮殿の東側の丘の上に位置する**ヘネラリーフェ離宮**は、14世紀に王族の避暑地として造営されたものである。また、アルバイシン地区はグラナダ最古の居住区で、イスラムの様式を色濃く残し、迷路のような細道の両側に白壁の民家やモスクが密集している。

歴史にリンク　**西欧に文化をもたらしたレコンキスタと十字軍**

レコンキスタや十字軍が行われた時代、イスラム諸国は西ヨーロッパよりもはるかに進んだ文明国だった。レコンキスタや十字軍を通してイスラムの学問や文物が入ってきたことで、哲学や自然科学が発展し、のちのルネサンスを生む土壌をつくり出した。

● レコンキスタ

アルハンブラ宮殿の「二姉妹の間」にある鍾乳石装飾

イタリア共和国

カステル・デル・モンテ
Castel del Monte

文化遺産　登録年 1996年　登録基準 (i)(ii)(iii) ▶

❯ 八角形で統一された城塞

　神聖ローマ皇帝**フリードリヒ2世**はシチリア島で育ち、イスラム世界に対しても深い理解を示す教養人であった。第5回十字軍で、イスラム側との話し合いで一時エルサレムを回復した。各地に多くの城をつくり、カステル・デル・モンテでは、皇帝自身もその設計に加わったとされる。この城は**八角形**の中庭を八角形の壁が取り囲み、壁の角に八角形の塔が8つ付設されている。また、屋根の貯水槽にたまった雨水が各部屋に供給されるようになっている。

丘の上に立つ八角形の城

ウマイヤ朝：ダマスカスに都を置き、西北インドからアフリカ北岸、イベリア半島を支配した。　**スタラクタイト**：鍾乳石の意。ドームなどの内側を多数の凹曲面で装飾するイスラム建築の技法。ムカルナスともいう。　**conquer**：征服

5-4 宗教分裂、宗教改革

フランス共和国

アヴィニョンの歴史地区：教皇庁宮殿、司教の建造物群、アヴィニョンの橋
Historic Centre of Avignon : Papal Palace, Episcopal Ensemble and Avignon Bridge

[文化遺産]　**登録年** ▶ **1995年**　**登録基準** (i)(ii)(iv)

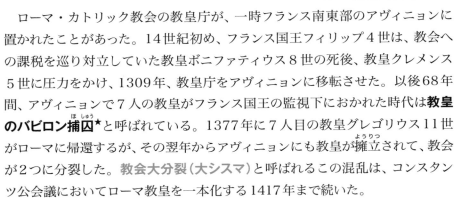

❯ フランスにできた教皇庁

　ローマ・カトリック教会の教皇庁が、一時フランス南東部のアヴィニョンに置かれたことがあった。14世紀初め、フランス国王フィリップ4世は、教会への課税を巡り対立していた教皇ボニファティウス8世の死後、教皇クレメンス5世に圧力をかけ、1309年、教皇庁をアヴィニョンに移転させた。以後68年間、アヴィニョンで7人の教皇がフランス国王の監視下におかれた時代は**教皇のバビロン捕囚**★と呼ばれている。1377年に7人目の教皇グレゴリウス11世がローマに帰還するが、その翌年からアヴィニョンにも教皇が擁立されて、教会が2つに分裂した。**教会大分裂（大シスマ）**と呼ばれるこの混乱は、コンスタンツ公会議においてローマ教皇を一本化する1417年まで続いた。

　アヴィニョンの教会の中心であるノートル・ダム・デ・ドン大聖堂は12世紀に建造されたが、アヴィニョンの歴代教皇の手で増改築された。**教皇庁宮殿**は、アヴィニョン3代目の教皇ベネディクトゥス12世が建設させた。彼は戒律の厳しいシトー会出身であったため、宮殿は装飾の少ない質素なものになった。

　一方で、次の教皇クレメンス6世が増築した新宮殿は、ゴシック様式が取り入れられ、フレスコ画などの室内装飾が施されるなど華美であった。クレメンス6世が、プロヴァンス伯からアヴィニョンの街を買い取って教皇領としたころから、この地には多くの学者や芸術家、文化人が訪れるようになり、洗練された街になっていった。街のシンボルである12世紀に建造されたサン・ベネゼ橋は、フランス民謡「アヴィニョンの橋の上で」で親しまれている。

歴史にリンク　**教皇と世俗君主の対立……聖職者の叙任権を巡る争い**

　1077年、神聖ローマ皇帝ハインリヒ4世がカノッサで教皇に謝罪した事件の後、ヴォルムス協約で叙任権は教皇にあるとされた。しかし、十字軍の失敗などで教皇の権威が失墜すると、世俗君主は教皇に対抗して領域内の教会の支配を強めた。

1
2
3
4
5

ヨーロッパ中世とルネサンス、大航海時代

アヴィニョンの教皇庁宮殿

1
2
3
4
5

ヨーロッパ中世とルネサンス、大航海時代

ドイツ連邦共和国

アイスレーベンとヴィッテンベルクの ルター記念建造物群
Luther Memorials in Eisleben and Wittenberg

文化遺産 ｜ 登録年 **1996年** ｜ 登録基準 **(iv)(vi)**

デンマーク
北海
オランダ
ドイツ ベルリン スウェーデン
アイスレーベンと ポーランド
ヴィッテンベルクの
ルター記念建造物群
ベルギー チェコ
ルクセンブルク
フランス リヒテンシュタイン

❷ ルターゆかりのドイツ宗教改革の舞台

アイスレーベンは宗教改革の指導者**マルティン・ルター**が生まれ、またこの世を去った街である。ルターの宗教改革は、1517年にルターがヴィッテンベルク城の付属聖堂の玄関扉に貼り出した**95ヵ条の論題**において、カトリック教会の贖宥状販売を批判したことに始まる。以後、カトリック教会などと厳しく対立したルターは、聖書のドイツ語翻訳、ルター派教会の設立などを通じてヨーロッパの歴史を大きく動かした。

世界遺産に登録されている建造物は、アイスレーベンのルターの生家と逝去した家、ヴィッテンベルクのルターの住居、ルターの同志メランヒトンの家、聖マリア聖堂、ヴィッテンベルク城の付属聖堂の6つである。これらの建造物群からは、宗教改革を成しとげたルターの足跡がうかがえる。

95ヵ条の論題が貼り出されたヴィッテンベルク城の付属聖堂

教皇のバビロン捕囚：1309～77年の間、教皇庁がアヴィニョンに移されフランス国王に支配されたできごと。古代ユダヤ（ヘブライ）人が、新バビロニア王国の都バビロンに強制移住させられた事件になぞらえた呼び方。P.085『バビロン』参照。

ルネサンス

フィレンツェの歴史地区
Historic Centre of Florence

[文化遺産] 登録年 1982年／2015年、2021年、2023年範囲変更　登録基準 (i)(ii)(iii)(iv)(vi) ▶

❯ ルネサンスの中心地フィレンツェ

　14〜16世紀にかけ、ヨーロッパでは古代ギリシャ・ローマ文化を模範とする人間中心の世界観（人文主義）に基づく新しい芸術・思想が広まった。この動きを**ルネサンス**という。ルネサンスの中心地として華やかに発展をとげたのが、イタリア中部の都市フィレンツェである。ルネサンス期のフィレンツェは、強大な財力・政治力をもつ金融財閥**メディチ家**の支配のもとで発展した。

　イタリア・ルネサンスを代表する画家ボッティチェリ、「モナ・リザ」の作者で「万能の才人」とたたえられたレオナルド・ダ・ヴィンチなど多くの芸術家が、15世紀後半のメディチ家当主ロレンツォ・デ・メディチの保護のもとで芸術活動をさかんに行った。彫刻家として名高いミケランジェロも、ロレンツォの保護を受けた芸術家の一人である。彼の代表作のひとつ「ダヴィデ像」は、かつてゴシック様式の政庁舎ヴェッキオ宮の前にあるシニョーリア広場に飾られていた。フィレンツェの街でひときわ目を引くサンタ・マリア・デル・フィオーレ大聖堂はルネサンス様式の建造物で、特徴的なドーム型の天井はルネサンス建築を象徴するものである。水道橋などのアーチ構造を特徴とした古代ローマで用いられたドーム天井は、中世以降

シニョーリア広場のダヴィデ像（レプリカ）

歴史にリンク **贖宥状販売を許可した教皇はメディチ家出身**

　1513年に教皇となったレオ10世は、メディチ家当主・ロレンツォの次男。文化活動に熱心なレオ10世は、サン・ピエトロ大聖堂の建設資金を集めるため、贖宥状（免罪符）の販売を許可したが、宗教改革を引き起こす要因にもなった。

ブルネッレスキが設計した、サンタ・マリア・デル・フィオーレ大聖堂のクーポラ（右のドーム）

の西欧のキリスト教建築では天上世界に近づく高い尖塔を築くことが重視されたため、建設されなくなっていた。**ブルネッレスキ**の設計した大聖堂のドーム天井は、約1,000年ぶりに古典文化が復活したことを象徴する建物であった。

18世紀に、メディチ家の直系最後の子孫アンナ・マリア・ルイーザは「メディチ家の財産はフィレンツェのもの」と遺言し、メディチ家が所蔵する美術品をすべて政府に寄贈（きぞう）した。これらの美術品は現在、構成遺産のウフィツィ美術館で公開されている。美術館には、古代ギリシャの女神を描いたボッティチェリの「ヴィーナスの誕生」や古代ローマの神々を同時代人に重ねた「春（プリマヴェーラ）」のほか、ダ・ヴィンチ初期の筆致（ひっち）がみられる「受胎告知（じゅたい）」、後世の西欧絵画にも影響を与えたティツィアーノの「ウルビーノのヴィーナス★」など、イタリア・ルネサンス絵画の傑作が多数収められている。

1966年11月にフィレンツェを襲った大洪水は街に甚大な被害をもたらし、図書館や美術館の貴重な所蔵品が泥などにより損傷した。ユネスコや世界各地から集まった学生を中心としたボランティアの協力により復旧が進められた。ボランティアの活躍は、「泥の天使たち」と讃えられるほどであった。

📖 **英語で読んでみよう！** Florence, a city symbolic of the Renaissance, flourished during the early Medici★ period between the 14th and the 16th centuries. Extraordinary★ artistic activity can be seen in Florence , for example, the Cathedral of Santa Maria del Fiore★.

ウルビーノのヴィーナス：19世紀フランスの画家マネはこの絵を再解釈し、「オランピア」を描いた。　**Medici**：メディチ家
extraordinary：並はずれた　**the Cathedral of Santa Maria del Fiore**：サンタ・マリア・デル・フィオーレ大聖堂

5-6 海洋都市国家と大航海時代

イタリア共和国 ·············

ピサのドゥオーモ広場

Piazza del Duomo, Pisa

[文化遺産]

登録年 1987年／2007年範囲変更　　**登録基準** (i)(ii)(iv)(vi)　▶

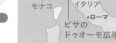

❯ 地中海航路を支配し東方貿易で栄えたピサ

　海洋都市ピサは、1063年の**パレルモ沖海戦**でイスラム軍を破り、また数度の十字軍に加勢したことで、地中海航路の多くを支配下においた。ドゥオーモ広場にある大聖堂は、パレルモ沖海戦の勝利を記念して着工されたものである。1063年から1118年、そして1261年から1272年の二期にわたり建設された大聖堂は、ローマ古典時代の要素を取り入れた均整のとれたロマネスク建築の代表作である。これは都市国家が割拠するトスカーナ地方の聖堂建築のモデルとなった。大聖堂の西側に立つ洗礼堂は、1152年に着工し200年以上をかけて完成したために下部にロマネスク様式が、上部にゴシック様式の尖塔がみられる珍しい建築である。

　「**ピサの斜塔**」として有名な鐘楼は1173年の着工当初より、軟弱な地盤のために傾き始めた。工事は傾きに対応しつつ進められたが、予定していた高さを下方修正し55mを最上層として完成した。振り子の等時性や落体の法則などを発見した**ガリレオ・ガリレイ**はピサ出身で、この斜塔で重さの異なる2つの物体を落とす実験をしたとの逸話も残る。完成後も傾きが進んでおり倒壊の恐れもあったため、これまで何度も修復が行われてきた。現在は鐘の振動の影響も考慮されて、塔の上の鐘は鳴らされていない。

　東方貿易で発展していたイタリアの各都市は、やがてお互いに争うようになった。ピサは1284年のメロリアの海戦でジェノヴァに敗北して衰退の一途をたどり、再び海洋都市として輝くことはなかった。

歴史にリンク　**大航海時代　〜イタリア諸都市の衰退〜**

　1492年にコロンブスが西インド諸島に到達、1498年にヴァスコ・ダ・ガマがインド航路を開拓すると、ヨーロッパの貿易の中心地は大西洋岸へと移った。この商業革命によって、東方貿易でうるおったイタリア諸都市は、全体的に衰退していった。

1
2
3
4
5

ヨーロッパ中世とルネサンス、大航海時代

122

メキシコ合衆国

🏛 メキシコ・シティの歴史地区とソチミルコ
Historic Centre of Mexico City and Xochimilco

文化遺産　**登録年** ▶ **1987年**　**登録基準** ▶ **(ii)(iii)(iv)(v)**

❯ アステカ帝国の都の上に築かれた都市

　メキシコ・シティは、かつてアステカ帝国の都**テノチティトラン**があった場所に建設された。テノチティトランは、湖に浮かぶ美しい水上都市であった。1521年、スペイン王室はアメリカ大陸の先住民の諸国家を征服するために、スペイン人のコンキスタドール（征服者）コルテスの軍勢を送り込み、都を徹底的に破壊した。その廃墟（はいきょ）の上に新都市メキシコ・シティが建設された。

　スペイン人によって「ソカロ」と呼ばれる中央広場を中心に碁盤目状（ごばんめじょう）に道路が整備され、「ソカロ」周辺には、ルネサンスやマニエリスム★、バロックなどの建築様式が入り交じった大聖堂をはじめ、パラシオ・ナシオナル（国立宮殿）などが築かれた。アステカ帝国の痕跡（こんせき）はほとんど残されていないが、1978年に大聖堂の地下からアステカ時代の石板がみつかり、発掘調査により2連の神殿をもつ**テンプロ・マヨール★**の遺構が発見された。

　メキシコ・シティの南にある水郷地帯ソチミルコは古くから農業がさかんな地域で、アステカ時代の名残を今に伝えている。「ソチミルコ」は先住民の言葉で「花の野の土地」を意味する。

アステカ帝国の神殿の上に建てられた大聖堂

マニエリスム：イタリアを中心にルネサンス後期にみられる美術や建築の様式。ルネサンス最盛期のミケランジェロなどの手法を取り入れ様式化したもの。　**テンプロ・マヨール**：アステカ時代に宗教儀式が行われていたとされる中央神殿跡。

5-7 東ヨーロッパ世界

モスクワのクレムリンと赤の広場

Kremlin and Red Square, Moscow

[文化遺産] 登録年 **1990年** 登録基準 **(i)(ii)(iv)(vi)** ▶

● ロシアの歴史の中心となったモスクワ

　モスクワ大公国は、ビザンツ帝国の後継者ツァーリ（皇帝）を自称した**イヴァン3世**によって1480年に独立した。イヴァン3世は、レンガの壁や城門を建設してモスクワの城壁をより強固にし、その中に**ウスペンスキー大聖堂**やグラノヴィータヤ宮殿などを建てて、現在のクレムリン（ロシア語で「城塞」を意味する）の原型をつくった。クレムリンには、その後何世紀にもわたって聖堂や宮殿などが増設された。現在は総延長2,235mの城壁内にロシア連邦の大統領府や官邸が置かれている。城壁には宇宙飛行士ガガーリンやスターリンなど国の重要人物の墓もある。

　15世紀末ごろから、クレムリンの城壁周辺では市場が開かれるようになり、商業用広場としてにぎわったのが赤の広場である。ソ連時代にはこの広場にレーニン廟が建てられ、重要な国事行為のほか軍隊の閲兵式も行われた。「赤の広場」と呼ばれるようになったのは17世紀後半で、ロシア語で「赤い」とは「美しい」という意味をもっており、「赤の広場」とは「美しい広場」という意味であった。色とりどりのタマネギ型円蓋をもつ**聖ワシリイ大聖堂**は、赤の広場を象徴する建物である。

　18世紀初頭にピョートル大帝がサンクト・ペテルブルクに遷都すると、モスクワの繁栄も停滞したが、副首都として歴代ロシア皇帝の戴冠式が行われた。1918年に再び首都となり今日に至っている。

赤の広場にある聖ワシリイ大聖堂

アメリカ、アフリカ、オセアニアの 文明と東アジアの変動

• • •

中南米やアフリカ、オセアニアの遺跡は、
高度な文明や精神文化の存在を示している。

Photo :『マチュ・ピチュ』(ペルー共和国)

6

マチュ・ピチュ

Historic Sanctuary of Machu Picchu

複合遺産　登録年 **1983年**　登録基準 (i)(iii)(vii)(ix) ▶

❯ インカの高い文明を物語る空中都市遺跡

　インカ族は、15世紀に周辺の国を統一してインカ帝国を建設した。マチュ・ピチュはこのころペルー南部アンデス山脈上部のワイナ・ピチュ（若い峰）の隣の尾根（おね）に築かれた都市で、ケチュア語で「老いた峰」という意味である。

　太陽を祀（まつ）る儀式が行われたと考えられているインティワタナのある神殿、道路、トウモロコシやジャガイモなどの段々畑などの遺構は、太陽の化身とされる皇帝を頂点とした神権政治のもとで、多くの人が大規模工事に動員されていたことを示す。施設の多くがインカ帝国の太陽崇拝において重要な役割を果たしていたと考えられており、夏至と冬至を観測できる窓がある「**太陽の神殿**」など帝国の天文技術の水準の高さを今日に伝えている。さらに、充実した灌漑施設（かんがい）と水くみ場の跡が、高度な文明のもとで計画的に建設された都市であることをうかがわせる。また手つかずの自然が残されている点も評価され、複合遺産として世界遺産登録された。周囲の山々には、絶滅の危機に瀕（ひん）するメガネグマやペルーの国鳥のアンデスイワドリが生息している。

　最後の皇帝**アタワルパ**がスペインの征服者ピサロによって処刑され、インカ帝国はマチュ・ピチュを放棄した。その後、インカ帝国の残党がビルカバンバという都市を築き、財宝を隠したとのうわさが広まり、1911年にアメリカの歴史学者ハイラム・ビンガムが、この壮大な石造都市をビルカバンバだと信じて発表。マチュ・ピチュの発見は世界中で話題となった。しかし、この地はビルカバンバではないとの見解が現在では有力である。

歴史にリンク **インカ帝国……文字をもたない高度な文明**

　マチュ・ピチュの都市建設に不明な点が多いのは、インカ帝国が文字をもたない文明であったことに大きく起因する。そのかわり、インカ族は縄の結び目「キープ」を用いて数などを記録し、情報を伝えていたことがわかっている。

6　アメリカ、アフリカ、オセアニアの文明と東アジアの変動

Machu Picchu is an archaeological site of the Inca Empire★ which flourished in the Andes Mountains in the 15th century. Many structures making up this outstanding religious, astronomical and agricultural center are set on a steep ridge. Because of its outstanding natural surroundings, it is inscribed as a mixed site★.

標高2,400mにあるマチュ・ピチュ

メキシコ合衆国

🏛 チチェン・イツァの古代都市
Pre-Hispanic City of Chichen-Itza

 文化遺産

| 登録年 ▶ **1988年** | 登録基準 ▶ **(i)(ii)(iii)** |

❯ マヤ文明とトルテカ文明が融合する都市遺跡

　メキシコ東部ユカタン半島北部のチチェン・イツァは、**マヤ文明**の中心拠点だった都市の遺跡群。チチェンとはマヤ語で「泉のほとり」、イツァは「魔術師」を意味し、半島最大級のセノーテ（地下泉）を中心に築かれた都市であった。10世紀以前にイツァ族が築いたマヤ文明の遺構が残る南部の旧チチェンと、10世紀以降のトルテカ文明の遺構が残る北部の新チチェンに二分される。

　両区域には、マヤ文明の**高度な天文知識**を示す遺構が残る。旧チチェンの円形の塔カラコル（カタツムリの意）は古代の天体観測所であったと考えられており、新チチェンのエル・カスティーリョ（城塞）と呼ばれる、頂上にククルカン（ケツァルコアトル）神殿が立つ階段状ピラミッドは、階段とレリーフの数がマヤ暦に関連するとされている。またピラミッド北東側の戦士の神殿には、豊穣祈願の儀式の際に、人間の心臓がいけにえとして置かれたとされるチャクモールの像が残る。

エル・カスティーリョ。ククルカンとは、ヘビの姿をしたマヤの最高神

the Inca Empire：インカ帝国　**mixed site**：複合遺産

ラパ・ニュイ国立公園
Rapa Nui National Park

[文化遺産] | 登録年 ▶ **1995年** | 登録基準 **(i)(iii)(v)** | ▶

エクアドル
ラパ・ニュイ
国立公園
太平洋
ボリビア
ペルー
チリ
アルゼンチン
サンティアゴ

❷ 孤島に並ぶ謎の多いポリネシア文化の遺産

　約900体のモアイ像で有名なラパ・ニュイ国立公園は、チリの海岸から西へ約3,700kmの南太平洋のパスクア島全域を範囲とする。ラパ・ニュイは、先住民の言葉で「輝ける偉大な島」。1722年のイースター（復活祭）の日に西欧人に「発見」されたことから、イースター島と呼ばれる。正式名称はチリの公用語であるスペイン語でイースターを意味する「**パスクア**」島。

　人口増加による自然生態系の破壊や、19世紀に多くの島民が奴隷（どれい）として連れ去られたこと、天然痘（てんねんとう）の流行などが原因で人口が激減して以来、島の文化は途絶え、今も文化や歴史に対する謎が多い。島の西南部のオロンゴ岬には、先住民族の信仰対象である最高神マケマケに捧げる祭事場の跡も残る。

　10世紀ごろ★、モアイ建造を始めたのはポリネシア系の**長耳族**（ながみみ）であった。南米から**短耳族**（みじかみみ）が移住してくると、以前は5〜7mだったものが巨大化し、10mを超える像もつくられるようになった。16世紀ごろに始まった部族間の衝突により、互いのモアイを倒しあう「**フリ・モアイ**」が起こり、続く18世紀には島の権力が貴族階級から戦士階級に移ると、モアイ像は建造されなくなった。

　モアイ像に使われている石は、かつて石切り場だった島東部のラノ・ララク火山周辺で採れる軟かくて加工のしやすい凝灰岩（ぎょうかいがん）。モアイ像がつくられた理由は、先住民の貴族階級の先祖を祀る（まつ）ため、という説が有力である。

多くのモアイ像が倒れたまま残る

アメリカ、アフリカ、オセアニアの文明と東アジアの変動

コパンのマヤ遺跡
Maya Site of Copan

文化遺産 ┃ 登録年 ▶ 1980年／2021年範囲変更 ┃ 登録基準 ▶ (iv)(vi)

メキシコ
ベリーズ
コパンのマヤ遺跡
グアテマラ
ホンジュラス
テグシガルパ
ニカラグア
エルサルバドル

❯ マヤ文明の手がかりが残された遺跡

　スペイン植民地時代の1570年に発見されたコパン王朝の都市遺跡は、ホンジュラス西端のコパン川流域の盆地にある。コパンには紀元前1500年ごろには人が定住していた証拠が残り、オルメカ文明★の影響を受けたと考えられている。王朝は、マヤ文明のティカル出身の指導者ヤシュ・クック・モーが427年にコパンを統一したことに始まる。周辺では黒曜石(こくようせき)や翡翠(ひすい)が産出したため、王朝はその交易によって繁栄した。

　7世紀末に即位した第13代**ワシャクラフン・ウバーフ・カウィル王（18ウサギ王）**は、コパンを軍事、商業の両面から発展させた。しかし、8世紀前半にキリグアとの戦いに敗れ、822年2月10日を最後にコパンの記録は途絶えた。

　遺跡の中心は祭祀用の大広場と建築物群からなるアクロポリスである。5つの広場に点在する神殿や祭壇、石碑には、王や神官、またコンゴウインコやジャガーといった動物などが刻まれた3万点以上の石像彫刻が残る。ほかのマヤ文明の遺跡と比べても量が格段に多く表現も繊細で、芸術的価値が高い。

　アクロポリスの北側に位置するピラミッド状の神殿26には、62段の階段の2,200以上のブロックにマヤ文字が刻まれた「**神聖文字の階段**」がある。コパン最後の王である第16代王が築いた**祭壇Q**は、代々のコパン王の肖像が刻まれている。これらの建造物は、コパン王朝史とマヤ文字の解明に大きく貢献した。また、球戯場Ⅲは古典期のマヤ文明の遺跡でも最大級のものである。球戯場はメソアメリカ各地の遺跡でみられ、ゴム製のボールを用いた球戯が行われていた。

修復と解明が続く「神聖文字の階段」

10世紀ごろ：世界遺産の推薦書には4世紀ごろとあるが、最近の研究では10世紀前後に居住を始めたという説が有力。
オルメカ文明：紀元前1200年ごろからメキシコ湾沿岸で栄えた、アメリカ大陸最初期の文明のひとつ。

中華人民共和国

北京と瀋陽の故宮

Imperial Palaces of the Ming and Qing Dynasties in Beijing and Shenyang

文化遺産 ┃ **登録年** 1987年／2004年範囲拡大 ┃ **登録基準** (i)(ii)(iii)(iv) ▶

● 明・清王朝の宮殿である北京の故宮

　北京（ペキン）の故宮（こきゅう）は明（みん）・清（しん）時代、皇帝の居城で政治の中枢が置かれていた場所である。清王朝崩壊後の1925年から故宮博物院として一般公開されているが、それ以前は紫禁城（しきんじょう）と呼ばれ、一般の立ち入りは禁じられていた。

　1421年、明の永楽帝（えいらくてい）の北京遷都（せんと）の際に居城とした故宮には10万人を超える宦官（かんがん）や女官が住んでいた。1644年の明滅亡時に破壊されたが、17〜18世紀にかけてのちに満州族（まんしゅう）と称する女真族（じょしん）の清王朝によって、明王朝の残した漢民族古来の伝統を残しつつも、女真族の伝統文化を取り入れて再建された。

　城壁内部は、中央の乾清門（けんせいもん）を境に二分され、北の内廷（ないてい）は生活の場、南の外朝（がいちょう）は公務の場とされていた。外朝には太和殿（たいわでん）・中和殿（ちゅうわでん）・保和殿（ほわでん）が並ぶ。正殿にあたる太和殿は現存する**中国最大の木造建築**で、創建自体は1420年だが、数度の火災を経て、1695年に再建されて現在に至る。太和殿の内部には玉座（ぎょくざ）などがあり、皇帝即位の儀式や祭礼などのほか、科挙の最終試験で、皇帝自らが試験官をつとめる殿試（でんし）★の会場でもあった。

　遼寧省（りょうねいしょう）に残る瀋陽（しんよう）の故宮と呼ばれる小規模な宮殿は、1625年、後金（清王朝の前身）のヌルハチによって建設され、続くホンタイジまで皇居として用いられたのち、清の北京遷都後は王族の離宮として使われた。遊牧民族の住居パオ★に由来する八角形の建物や儀式用の柱など、女真族の宗教・文化が色濃い点が評価され、2004年に追加登録された。北京同様、瀋陽の故宮も、中国の貴重な文物を収める博物館となっている。

歴史にリンク ▶ **征服王朝「清」……女真族による巧みな中国統治**

　清は中国支配にあたって、科挙や儒学など明代の諸制度・文化を引き継ぎ、漢民族古来の文化を受容した。また、中央の官職には女真族・漢族から同数名を登用したが、その一方で女真族の風習である辮髪（べんぱつ）の強制や言論統制なども行った。

（左余白）
1 2 3 4 5 6
アメリカ、アフリカ、オセアニアの文明と東アジアの変動

太和殿前の広場では、臣下たちが皇帝に向かって三跪九叩頭と呼ばれる、額を地面に打ちつける礼を行った

 英語で読んでみよう！ The Palaces of Beijing and Shenyang were the imperial residences during the Ming and Qing Dynasties★. These remarkable architectural edifices offer important historical testimony to the history of the Qing Dynasty and to the cultural traditions of the Manchu.

ベトナム社会主義共和国

フエの歴史的建造物群
Complex of Hué Monuments

文化遺産　　登録年 1993年　　登録基準 (iv)

◉ 中国とフランスの影響を受けた城塞

　ベトナム中部のフエは、1802年から1945年のグエン朝時代に同国の首都であった。約5㎢の敷地内で二重の濠と城壁に囲まれた王宮は、北京の紫禁城をモデルとしてつくられた。

　また、古くから中国の影響の強いベトナムに、近代以降、西欧諸国の侵略によって西洋文化が流入したことで、中国と西洋の文化が融合した独自の文化が培われた。フエの都市計画もその一例で、中国風を基本にベトナム伝統建築やフランスの**ヴォーバン式**築城方法の影響も受けている。フランス保護領下で築かれた**カイディン帝陵**も、バロック様式を用いた中国・西洋折衷の墓所である。

ベトナム戦争でも消失せずに残った、王宮の正門である午門

殿試：10世紀、宋の太祖が創始した高級官僚試験。のちに殿試は、保和殿で行われた。　**バオ**：遊牧民の移動式家屋である円筒状テント。中国語では「包」、モンゴル語では「ゲル」。　**the Ming and Qing Dynasties**：明朝と清朝

アフリカの諸王朝

伝説の都市トンブクトゥ
Timbuktu

文化遺産　登録年 **1988年／2012年危機遺産登録**　登録基準 **(ii)(iv)(v)**

❯ 金と岩塩で栄えたサハラ砂漠の黄金の都

　マリ共和国中部、サハラ砂漠南端の都市トンブクトゥは、もともと11世紀後半にトゥアレグ族の宿営地だった。**マリ帝国**(マリ王国)★統治下の13世紀、サハラ砂漠の岩塩とニジェール川の金の交易の中継地として栄えて以来「黄金の都」と賞賛され、16世紀にはソンガイ帝国(ソンガイ王国)のもとで最盛期を迎える。しかし16世紀末にソンガイ帝国が滅亡、またヨーロッパ人の開拓によってアフリカ西岸航路が発達すると、内陸路の需要が減って街は衰退した。黄金伝説を信じて多くのヨーロッパ人が訪れた19世紀には、すでに荒廃していた。

　トンブクトゥは商業のみならず、イスラムの学問・宗教の拠点でもあった。ソンガイ帝国のもと、多くのモスクや大学、**マドラサ**(高等教育機関)が置かれ、16世紀には西アフリカ最大のイスラム都市となった。街は3つのモスクに彩られ、ジンガリベリ・モスク(大モスク)や、アフリカ最初といわれる大学が設置された**サンコーレ・モスク**、シディ・ヤヒヤ・モスクなどが当時を物語っている。マリ帝国の最盛期を現出させたマンサ・ムーサ王の時代に建てられたジンガリベリ・モスクは1570〜1583年に拡張され街のシンボルとなった。サンコーレ大学には25,000人の学生が学び、イスラム教布教の重要拠点であった。建造物の崩壊と砂漠から飛んでくる砂で街が埋没する危険性が指摘され、1990年には危機遺産リストに記載された。2005年に危機遺産リストから脱したものの、イスラム原理主義者による遺産破壊など、政情不安を理由に2012年から再び危機遺産リストに記載されている。

歴史にリンク　マンサ・ムーサ王……メッカ巡礼道中での散財

　14世紀初めに、マリ帝国の王、マンサ・ムーサの一行はメッカ巡礼の途上で大量の金を使ったため、「黄金の都」の伝説が広く世界に知れわたった。『三大陸周遊記』を著したモロッコの旅行家、イブン・バットゥータもマリ帝国を訪れている。

イスラム教布教の拠点のひとつであったサンコーレ・モスク

ジンバブエ共和国

大ジンバブエ遺跡
Great Zimbabwe National Monument

文化遺産 ［ 登録年 ▶ **1986年** ｜ 登録基準 ▶ **(i)(iii)(vi)** ］

▶ 国名の由来になった遺跡

　ジンバブエ高原の南の端にある大ジンバブエ遺跡は、トンブクトゥと同様、金の交易で繁栄したのちに衰退した砂漠地帯の都市遺跡である。13世紀にショナ族が築いた石造建築による都市で、「**アクロポリス**」と「神殿」、「谷の遺跡」が残る。「アクロポリス」は丘の上に築かれた「王の都市」で、石壁で楕円形に囲まれた「神殿」を見下ろす位置にある。アクロポリスと神殿をつなぐ「谷の遺跡」には、高度な技術で築かれた石造りの集落がある。金の交易で栄えた遺跡からは、中国製と考えられる陶器の破片やアラビアの貨幣などもみつかっている。

　人口増加による木々の伐採が行われると、砂漠化が進み、食料不足などから都市は衰退していった。現地の言葉で「**石の家**」を意味する「**ジンバブエ**」は、この地をさす名称となり国名の由来にもなった。

高さ10mほどもある神殿の外壁

マリ帝国（マリ王国）: 1240～1473年の約230年にわたって続いたイスラム教の国。現在のセネガルからマリを領有していた。13世紀～14世紀初めのマンサ・ムーサ王の時代に最盛期を迎えた。

アメリカ、アフリカ、オセアニアの文明と東アジアの変動

ウルル、カタ・ジュタ国立公園
Uluru-Kata Tjuṯa National Park

[複合遺産]

登録年 ▶ 1987年／1994年範囲拡大　登録基準 (v)(vi)(vii)(viii) ▶

インド洋
オーストラリア
ウルル、カタ・ジュタ 国立公園
キャンベラ

❷ 6億年前の造山活動で生まれた巨石群

　オーストラリア大陸中央部の**ウルル**（エアーズ・ロック）とカタ・ジュタを中心とする一帯は、6億年前の造山活動と地殻変動により地表が隆起し、砂漠の中で風化や浸食を受けて形成された巨大岩石群。ウルルはオーストラリア西部のマウント・オーガスタスに次いで、世界で2番目に巨大な**一枚岩**で、酸化した含有鉄分により岩肌は赤くみえる。カタ・ジュタには36の巨岩が並ぶ。この国立公園内には、有袋類（アカカンガルーやフクロモグラなど）を含む哺乳類をはじめ、多様な鳥類や爬虫類、植物の自生が確認されている。

　この土地は**アボリジニ**＊のアナング族の聖地である。文字をもたなかった彼らは岩壁に神話や伝承、狩猟方法などの絵を残した。この一帯をオーストラリア政府が1958年に収用し、国立公園としたが、現在はアナング族に返還した土地を政府が借り受け、両者の協議のもとで公園の管理運営が行われている。

　半砂漠地帯の厳しい気候であるにもかかわらず、アボリジニの伝統的生活が営まれてきた点が評価され、複合遺産として拡大登録された。

高さ348m、周囲9kmの巨大な一枚岩ウルル。現在は登頂が禁止されている。

アボリジニ：狩猟採集を生業とするオーストラリアの先住民の一般呼称。多数の部族から成り立つ。かつてはイギリスの植民地政策によって固有の土地を奪われ、保護区に収容されていた。

近代国家の成立と
世界の近代化

• • •

近代国家の成立や産業革命に関係する遺産は、
そのまま現代社会にもつながっている。

Photo :『ヴェルサイユ宮殿と庭園』(フランス共和国)、
　　　　鏡の間

7

ヴェルサイユ宮殿と庭園

Palace and Park of Versailles

文化遺産　登録年 **1979年／2007年範囲変更**　登録基準 **(i)(ii)(vi)** ▶

❯ 「太陽王」の栄華を誇る宮殿と庭園

　フランスの首都パリからほど近いヴェルサイユは、王家の狩猟小屋があるだけの小さな寒村だった。この地を気に入った「太陽王」**ルイ14世★**は、親政を始めた1661年に宮殿の建造を命じた。ルイ・ル・ヴォーやシャルル・ル・ブラン、アンドレ・ル・ノートルといった一流の建築家・造園家が集められ、1682年にほぼ完成した。その後も増改築が繰り返され、すべてが完成したのは19世紀に入ってからである。

　ヴェルサイユ宮殿は、**フランス・バロック様式**建造物の最高傑作であり、フランス絶対王政の最盛期を築いたルイ14世の威光を象徴している。フランス革命によって一時荒廃したが、ナポレオン1世によって修復された。

　宮殿で最も有名な**鏡の間**はアーチ形の窓と鏡が埋め込まれ、光が反射して豪華絢爛な空間を照らしている。ここは、第一次世界大戦の講和条約が調印された部屋としても知られる。また、十字形の大運河を中心に小道や泉水、花壇が幾何学的かつ左右対称に配置された庭園は、フランス式庭園の典型とされている。この庭園の構図はヨーロッパ各国の庭園に影響を与えた。マリー・アントワネットに与えられたプチ・トリアノンには、のびのびとした自然景観をみせるイギリス式庭園がつくられた。

　ヴェルサイユ宮殿はヨーロッパ諸国にも影響をおよぼし、オーストリアのシェーンブルン宮殿や、プロイセンのサンスーシ宮殿が建設された。さらには、日本の迎賓館赤坂離宮もその影響を受けているとされる。

歴史にリンク　フランス革命

　フランス革命は、特権をもつ第一身分（聖職者）・第二身分（貴族）に抑圧される第三身分（平民）という構図をくつがえした。175年ぶりに開かれた三部会では、第一・二身分と第三身分が免税特権を巡って対立、第三身分は国民議会を結成して革命を牽引した。

ヴェルサイユ宮殿

スペイン

マドリードのエル・エスコリアール修道院と王立施設
Monastery and Site of the Escurial, Madrid

文化遺産		
登録年	1984年	登録基準 (i)(ii)(vi)

マドリードの
エル・エスコリアール
修道院と王立施設

フランス
大西洋　ポルトガル　アンドラ　地中海　スペイン　リスボン　ラバト　モロッコ

❯ 「太陽の沈まぬ国」スペインのシンボル

　スペインの首都マドリード郊外にあるエル・エスコリアール修道院と王立施設は、王宮や神学校、図書館、施療院などを併設する複合施設である。

　スペインの最盛期を築いた**フェリペ2世**は、1557年8月10日にフランス軍との戦いに勝利した。熱心なカトリック教徒である王は、これを聖ラウレンティウス（ロレンソ）の加護であると感謝し、父カルロス1世の霊廟建設を兼ねて修道院の建築を命じた。建設には国内外から1,500人もの金細工師や彫刻家が集められ、着工から21年後に完成した。

　修道院には300の部屋のほか、四隅に高さ56mの塔、建物上部には円蓋が設けられている。また、フェリペ2世がギリシャ・ローマ建築の機能美を好んだことから、外部に一切装飾が施されておらず、建築を担当したフアン・デ・エレーラの名前を取って**エレーラ様式**と呼ばれる。虚飾のない外観とは打って変わって内装は豪華で、エル・グレコやベラスケスなどの有名画家によって描かれたフレスコ画で飾られている。

エル・エスコリアール修道院

ルイ14世：専制君主として君臨し、重商主義政策をとる一方、たびたび侵略戦争を起こして財政悪化をもたらした。
Louis XIV：ルイ14世　　**Louis XVI**：ルイ16世　　**the absolute monarchy of France**：フランス絶対王政

オーストリア共和国

シェーンブルン宮殿と庭園
Palace and Gardens of Schönbrunn

文化遺産

登録年 **1996年**　登録基準 (i)(iv)

● ハプスブルク家の栄光を伝える宮殿

　オーストリアの首都ウィーンにあるシェーンブルン宮殿は、神聖ローマ皇帝レオポルト1世が造営した離宮が前身である。1740年に**ハプスブルク家**の家督を継承した**マリア・テレジア**は、この離宮を大規模に増改築し、ハプスブルク家が支配する神聖ローマ帝国の象徴ともいえる壮大な宮殿が誕生した。ここを拠点に、マリア・テレジアは啓蒙主義的政策を行って、国力の維持に努めた。

　重厚なバロック様式の外観は、金色を模したマリア・テレジア・イエローと呼ばれる黄色で統一され、内部は優美な**ロココ様式**の装飾が施された。総部屋数は1,400以上で、最も豪華な「百万の間」や6歳のモーツァルトがマリア・テレジアの前で御前演奏をした「鏡の間」が有名。このとき、宮殿で滑って転んだモーツァルトが手を差し伸べてくれた7歳のマリー・アントワネットに求婚したという逸話が残る。また、世界最古ともいわれる動物園が1752年に開園したほか、ガラス建築の植物園、花壇を中心に広がるフランス式庭園が敷地を構成している。

　1809年にウィーンを制圧したナポレオン1世はこの宮殿に司令部を置いた。その後、1814年に開かれたウィーン会議ではフランス革命とナポレオン戦争後の国際秩序が話し合われた。各国の思惑と利害が対立し、遅々として進まない様子は「会議は踊る、されど進まず」と評された。また1961年、アメリカのケネディ大統領とソ連の最高指導者フルシチョフがこの宮殿で行った会談では米ソ対立が明確化し、会談後にベルリンの壁が築かれた。

歴史にリンク　**啓蒙専制君主**

　18世紀後半のヨーロッパでは、プロイセンのフリードリヒ2世やオーストリアのヨーゼフ2世、ロシアのエカチェリーナ2世らの専制君主が啓蒙思想の影響を受け、中央集権化と君主主導の近代化、国内産業の育成を進め、積極的に領土の拡大にも努めた。

近代国家の成立と世界の近代化

広大なフランス式の庭園とシェーンブルン宮殿。敷地内には日本庭園もある

ポツダムとベルリンの宮殿と庭園
Palaces and Parks of Potsdam and Berlin

文化遺産 ｜ 登録年 ▶ 1990年／1992年、1999年範囲拡大 ｜ 登録基準 ▶ (ⅰ)(ⅱ)(ⅳ)

北海
デンマーク
スウェーデン
オランダ
ポーランド
ドイツ
ポツダムとベルリンの
宮殿と庭園
ルクセンブルク
チェコ

❷ 啓蒙専制君主の立案した宮殿

　ドイツ北東部に位置するポツダムと隣接するベルリン南西部には、プロイセン王家の宮殿や庭園が多数残る。なかでも有名なのは、18世紀半ばにフリードリヒ2世（大王）が夏の離宮として造営した**サンスーシ宮殿**とその庭園である。サンスーシとはフランス語で「憂いなし」を意味する。

　宮殿の設計は、フリードリヒ2世の案をもとに建築家のクノーベルスドルフが担当した。東西100mほどの平屋建てで、宮殿としては小規模で質素だが、内装は豪華でドイツ・ロココ様式の代表例である。フリードリヒ2世はヴォルテール★をこの宮殿に招くなど学術を奨励し、啓蒙専制君主の典型だった。面積3㎢のサンスーシ庭園は、ルスト庭園やノロ庭園などに分かれる。19世紀には、フランス・バロック式庭園からイギリス式庭園につくり直された。

　サンスーシ宮殿の北東にあるツェツィーリエンホーフ宮殿では、1945年に**ポツダム会談**が開かれ、米・英・ソの首脳が第二次世界大戦の戦後処理について協議した。

サンスーシ宮殿

ヴォルテール：フランス啓蒙主義を代表する思想家で、迷信や宗教的不寛容を攻撃した。フリードリヒ2世やエカチェリーナ2世に大きな思想的影響を与えた。

1
2
3
4
5
6
7
近代国家の成立と世界の近代化

7-3 周辺主権国家

英国（グレートブリテン及び北アイルランド連合王国）

ウェストミンスター宮殿、ウェストミンスター・アビーとセント・マーガレット教会

Palace of Westminster and Westminster Abbey including Saint Margaret's Church

文化遺産

登録年 **1987年／2008年範囲変更**　登録基準 **(i)(ii)(iv)** ▶

ウェストミンスター宮殿、ウェストミンスター・アビーとセント・マーガレット教会

❷ **イギリス王室の歴史を物語る建築物群**

　ノルマン征服★（ノルマン・コンクエスト）によってイングランドにノルマン人が流入する前の11世紀中ごろ、エドワード王がこの地に**ウェストミンスター宮殿**とウェストミンスター・アビー（修道院）を建てた。

　ウェストミンスター宮殿は、中世には王の住居であると同時に、議会場としても使用された。1295年にはイギリス初の議会である模範議会が開催された。1640年に召集された議会を国王が武力で押さえつけたことが**ピューリタン革命**の発端となり、現在でも下院の独立を表すため国王の下院議会への立ち入りは禁止されている。1834年の火災で大部分を焼失した宮殿は、約30年をかけて**ゴシック・リバイバル様式**で再建され、19世紀のイギリスやフランスで流行したこの建築様式の先駆けとなった。今日にいたるまで国会議事堂として使用されている宮殿の北側に付属する時計台は、「ビッグ・ベン」の愛称で呼ばれロンドンのシンボルとなっている。2012年にはエリザベス2世の在位60周年を記念して「クロック・タワー」から「エリザベス・タワー」へと改称された。

　ウェストミンスター・アビーではノルマン征服によってイングランドを掌握したウィリアム1世が1066年にここで戴冠して以降、歴代のほとんどの国王の戴冠式が行われてきた。戴冠の際に新王が着席する椅子は、修道院をつくったエドワード王にちなんで「エドワード王の椅子」と呼ばれている。13世紀にフランスのゴシック様式で改装されたため、英仏の様式を織り交ぜた建築となっている。中世以来の国王、政治家や戦没者、学者や作家が埋葬されており、ニュートンやダーウィン、詩人チョーサーや作家ディケンズなどの英国史上の偉人が眠る。修道院の北側に位置するセント・マーガレット教会は16世紀にかけて再建された一般信者向けの教会で、チャーチル元首相をはじめ著名人の結婚式が執り行われた場所としても知られる。

ゴシック・リバイバル様式で再建されたウェストミンスター宮殿

📖 英語で読んでみよう！　The Westminster area lies next to the River Thames★ in the heart of London. Here there are many buildings deeply linked with the history of the royal family of Britain. The palace of Westminster is known as the place where the Puritan revolution★ began.

ロシア連邦

 サンクト・ペテルブルクの歴史地区と関連建造物群
Historic Centre of Saint Petersburg and Related Groups of Monuments

文化遺産 　登録年▶1990年／2013年範囲変更　登録基準▶(i)(ii)(iv)(vi) ▶

❯ 西ヨーロッパに向けて開かれた窓

　モスクワの北西、ロシアの西端に位置するサンクト・ペテルブルクは、帝政ロシア時代の都である。18ヵ月にわたって西ヨーロッパ諸国を歴訪したロマノフ朝の**ピョートル大帝**は、ロシアの西欧化や近代化を推進した。サンクト・ペテルブルクは、スウェーデンとの北方戦争さなかの1703年に建設が始まり、西ヨーロッパの文化・芸術を取り入れてつくられた。ネヴァ川左岸の中心部と対岸のペトロパヴロフスク要塞、ワシリエフスキー島の3地区が中核で、大帝の統治下にはバロック様式の建物が多い。

　18世紀後半にエカチェリーナ2世が即位するとかわって新古典主義の建築物が建造された。現在は**エルミタージュ美術館**になっている冬宮や聖イサアク大聖堂など、西欧の様式とロシア文化が融合した建築を数多くみることができる。

エカチェリーナ宮殿

ノルマン征服：ノルマンディー公ウィリアムが、1066年にイングランドを征服し、ウィリアム1世としてノルマン朝を開いた出来事。　**the River Thames**：テムズ川　**the Puritan revolution**：ピューリタン革命

ウィーンの歴史地区

Historic Centre of Vienna

文化遺産　登録年 **2001年／2017年危機遺産登録**　登録基準 **(ii)(iv)(vi)** ▶

チェコ
スロバキア
ドイツ　プラチスラバ
ウィーンの歴史地区●
オーストリア
イタリア　スロベニア　ハンガリー

❯ 多彩な建築物が建ち並ぶ歴史の舞台

　ウィーンは、ナポレオン1世の栄光と没落を目の当たりにした都市である。1809年にナポレオン1世はここを占領したが、1812年にロシア遠征の失敗をきっかけに周辺諸国の巻き返しにあい、退位に追い込まれる。1814年にはこの地でウィーン会議が開かれて、ナポレオン没落後の国際秩序が話し合われた。

　13世紀以降は、ハプスブルク家の王都として発展してきたが、この地区の歴史的建造物★は、大きく3種類に分けられる。

　第1が、12〜15世紀ごろまでに建てられた、旧市街中心部にある中世の修道院や聖堂。ルドルフ4世によるゴシック様式の**聖シュテファン大聖堂**やドイツ語圏最古の大学であるウィーン大学が代表例である。

　第2が、17〜18世紀にかけてつくられたバロック様式の建造物。代表的建物は**ベルヴェデーレ宮殿**であり、現在はグスタフ・クリムトやエゴン・シーレらの絵画を収蔵するオーストリア・ギャラリーになっている。

　第3が、19世紀半ばにフランツ・ヨーゼフ1世の都市改造計画でつくられた近代建築である。旧市街の城壁跡に**リンクシュトラーセ**と呼ばれる環状道路が敷設され、これに沿ってゴシック・リバイバル様式やネオ・ルネサンス様式の美術史美術館や国立歌劇場など、新たな公共建築が建設された。

ウィーンを代表するゴシック様式の聖シュテファン大聖堂

歴史的建造物：都市開発により景観悪化が懸念され危機遺産となっている。P.152参照。

近代国家の成立と世界の近代化

産業革命

英国（グレートブリテン及び北アイルランド連合王国）

ニュー・ラナーク
New Lanark

文化遺産

登録年 2001年　**登録基準** (ii) (iv) (vi)

❷ 人道主義に貫かれた産業コミュニティー

　グラスゴーの実業家デヴィッド・デイルは、スコットランド南部のニュー・ラナークに当時最先端の技術だった**リチャード・アークライト★**の水力紡績機を導入して綿紡績工場や労働者のための住宅などを建てた。さらに、デイルの娘婿である**ロバート・オーウェン**は、労働者のための施策を次々と実施する。彼は「質の高い生活を営み、優れた教育を受けた労働者がいなければ、事業の効率は上がらない」という信念をもっていた。

　1813年に村の広場に設けられた3階建ての購買所では、工場で一括購入した食料や衣料といった生活必需品を安価で労働者に売り渡す、**生活協同組合**のようなシステムが整えられた。また、当時のイギリスでは1日14〜16時間労働が一般的であったのに対し、オーウェンは12時間に短縮するとともに10歳以下の子供の雇用を禁止するなど、近代的な雇用システムを確立。労働者の子供たちは暖房完備の学校で読み書き計算などを学んだ。1816年にはイギリス初の幼稚園ともいわれる幼児クラスも設けられ、子供をもつ女性労働者にも配慮した労働環境が整えられた。

ニュー・ラナークのルーフガーデン

歴史にリンク　空想的社会主義

　イギリスのロバート・オーウェンやフランスのサン・シモン、フーリエらは人道主義的立場から理想社会の実現を考えた。科学的社会主義を唱えるマルクスやエンゲルスは、新しい社会の実現方法を示せない彼らを空想的であるとして批判した。

リチャード・アークライト：1768年に水車を利用した水力紡績機の実用化に成功。

アメリカ合衆国

自由の女神像
Statue of Liberty

文化遺産

登録年 ▶ **1884年**　登録基準 ▶ **(i)(vi)** ▶

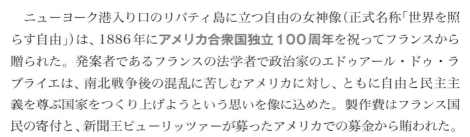

❱ 自由と民主主義を象徴する女神像

　ニューヨーク港入り口のリバティ島に立つ自由の女神像（正式名称「世界を照らす自由」）は、1886年に**アメリカ合衆国独立100周年**を祝ってフランスから贈られた。発案者であるフランスの法学者で政治家のエドゥアール・ドゥ・ラブライエは、南北戦争後の混乱に苦しむアメリカに対し、ともに自由と民主主義を尊ぶ国家をつくり上げようという思いを像に込めた。製作費はフランス国民の寄付と、新聞王ピューリッツァーが募ったアメリカでの募金から賄われた。

　像の制作は、彫刻家フレデリック・バルトルディが担当した。当時の技術では、風の強い海沿いに巨大な像を立たせることは難しいとされていたが、のちにエッフェル塔の設計者としても有名になる**ギュスターヴ・エッフェル**が難題を解決。鋼鉄製の骨組みで像の全重量を支える工法により、19世紀における鉄鋼技術の最高傑作となった。10年の歳月をかけて1884年にパリで完成し、分解されて列車や軍艦でアメリカに運ばれた。

　女神像の頭部にある宝冠の突起は、7つの大陸と7つの海に広がる自由を表現している。左手は1776年7月4日と記された**独立宣言書**を抱え、右手は希望を意味する長さ9mに及ぶたいまつをかかげている。踏みつけている鎖は奴隷制と専制政治を象徴している。

📖 英語で読んでみよう！

The Statue of Liberty is a symbol of American freedom and democracy. It was a gift from the people of France to celebrate the 100th anniversary of the United States' independence. She holds the Declaration of Independence★ in her left hand, and torch in her right hand that represents hope.

リバティ島に立つ自由の女神像

ブラジリア
Brasilia

文化遺産　登録年 ▶ 1987年　登録基準 ▶ (i)(iv)　▶

❯ 新生ブラジルの首都

　大航海時代以降、ブラジルはポルトガルの植民地であったが、19世紀初頭のナポレオン戦争の際にポルトガル王室がブラジルに遷された。その後、1822年にポルトガル王室の王太子を皇帝に迎えてブラジル帝国として独立を果たした。

　1956年に就任した**ジュセリーノ・クビチェック**大統領は、ポルトガルの影響が強く残る大西洋岸のリオ・デ・ジャネイロから、ブラジル中西部の標高1,000mのブラジル高原に首都を遷す「新都ブラジリア計画」を打ち出した。この計画には経済的に遅れていた中西部を発展させようとする意図もあった。

　新都は1956年に着工し、わずか4年後の1960年に完成した。世界遺産には1987年に登録されており、建設されてから世界遺産に登録されるまでの期間が短い遺産としても知られる。設計の中心は、近代建築の巨匠ル・コルビュジエに学んだブラジル人建築家**オスカー・ニーマイヤー**★とルシオ・コスタで、コスタの都市計画をもとにニーマイヤー設計の独創的な建築群が立ち並ぶ近未来的な都市が築かれた。

　ブラジリアの中心部は上空から見ると飛行機の形をしており、その機首にあたる場所には、連邦議会議事堂や最高裁判所、大統領府などの政府機関が並ぶ「**三権広場**」がある。胴体部分には、ブラジル大聖堂や国立博物館、緑地帯、商業・文化関連施設が並び、翼部分には正方形の敷地に住宅や学校、公園などがつくられた。道路網は立体交差が用いられ、信号はほとんどない。

ブラジリアにある国立博物館

---

the Declaration of Independence：独立宣言書　**オスカー・ニーマイヤー**：1907～2012。リオ・デ・ジャネイロ出身の建築家。ル・コルビュジエとともに、国際連合本部ビルのデザインにも参加。

COLUMN 03　産業革命と新素材／建築様式のまとめ

●産業革命の新素材

　18世紀後半にイギリスで起こった産業革命は、綿工業における技術革新から始まり、各種産業へと広がっていった。こうした産業革命の進展に不可欠であったのが製鉄業の発展である。1709年に石炭コークスを使う製鉄法が開発されると、18世紀後半には近代的な製鉄所が建設され、鉄の大量生産が可能になった。鉄は橋梁や鉄道の敷設、船の建造などに用いられたほか、近代建築に欠かせない新素材として重視された。

●労働者階級の誕生と社会主義

　産業が発展するなか、資本家たちが労働者に過酷な労働を強要するようになり、大きな社会問題となった。一方で、労働者の生活環境や労働待遇の改善、教育水準の向上などが労働効率を上げるとの考え方から、『ニュー・ラナーク』などの社会主義思想を実現する都市がつくられた。

●近現代の建築技術

　第二次世界大戦後の1950〜1960年代には、建築家の独創性が発揮される建築物がつくられるようになった。1960年に完成したブラジルの新首都『ブラジリア』、貝殻のような独創的なデザインの『シドニーのオペラハウス』などがあげられる。

❯ ヨーロッパの建築様式のまとめ

建築様式	おもな特徴	代表的な建造物
ビザンツ建築	ローマ建築の人々が集まる場所を起源とする「バシリカ式」、円形で各要素が中心へ向かう「集中式」など。外観は質素だが、内部は豪華に装飾されている。	アヤ・ソフィア（『イスタンブルの歴史地区』）
ロマネスク建築	バシリカ式を発展させたもの。壁が厚く窓が小さい。全体的に重厚な印象。その後の聖堂建築の基本形といわれている。	ピサの大聖堂（『ピサのドゥオーモ広場』）
ゴシック建築	高い天井と大きな窓で明るさを追求。面よりも線を強調した鳥かごのようなフォルムが特徴。ステンドグラスを使用し建物全体で美しく偉大な神の世界を表している。	ノートル・ダム大聖堂（『パリのセーヌ河岸』）
ルネサンス建築	古代ローマやギリシャ建築をモチーフにしたもの。円形、正方形、正多角形などの幾何学形が基調。人文主義的な理想を追求した左右対称の造形もみられる。	サンタ・マリア・デル・フィオーレ大聖堂（『フィレンツェの歴史地区』）
バロック建築	凹凸を強調し、曲面を多用した過剰な装飾が特徴。ポルトガル語の「バロッコ」（ゆがんだ真珠）が語源。大航海時代を通じて南米にも影響を与えた。	ヴェルサイユ宮殿（『ヴェルサイユ宮殿と庭園』）
ロココ建築	宮廷文化を背景に、外観よりも室内装飾に特徴のある様式。貝殻や植物文様などをモチーフに、白や淡いブルーなど明るく優しい色彩を用いている。	サンスーシ宮殿（『ポツダムとベルリンの宮殿と庭園』）
近代建築	鉄やセラミックなどの新たな建築素材が誕生し、建築技術が進歩。20世紀には、建築様式の多様化、装飾性を排した合理的な建築様式などが登場。	ブラジリア大聖堂（『ブラジリア』）

テーマでみる世界遺産

文化的景観、戦争・紛争、危機遺産、負の遺産、地震

8

文化的景観や危機遺産など、現代の世界の抱える問題に
関係する遺産は、現代社会を映す鏡にもなっている。

Photo：『バーミヤン渓谷の文化的景観と古代遺跡群』（アフガニスタン・イスラム共和国）、
2001年3月にタリバン政権によって破壊された磨崖仏跡

文化的景観

文化的景観　フィリピン共和国 ··

フィリピンのコルディリェーラの棚田群
Rice Terraces of the Philippine Cordilleras

文化遺産　登録年 **1995年**　登録基準 **(iii) (iv) (v)**

▶ 2,000年にわたって続く棚田の景観

　フィリピンのルソン島北部、標高1,000〜2,000mに位置するコルディリェーラの棚田群では、少数民族**イフガオ族**が2,000年にわたって稲作を行っている。山岳地帯での農耕技術の多くは、口承によって受け継がれてきた。

　この地域では、山頂付近から引いてきた水を、石積みの仕切りで溜めることで水田を形成している。それぞれの水田は斜面に沿って段々に位置しており、現在でも急勾配の棚田に大型農耕機械を導入することが難しいため、稲作のほとんどは手作業で行われている。田植えや収穫などの農作業時や、冠婚葬祭などの儀式の際に歌われる「**ハドハド**」は、2001年に無形文化遺産に登録されている。

　世界遺産に登録されているのは、バナウエ、マヨヤオ、キアンガン、ハンドゥアンの4地域で、四季折々の景観の変化と自然に寄り添った人々の伝統的な生活様式が、文化的景観をつくり上げている。近年は、若者が都会へ出稼ぎに出ることによる**後継者不足**や、周辺のホテル建設などの観光開発、新品種の導入などにより棚田の荒廃が問題となっている。

急な斜面につくられた棚田

> **現代社会にリンク　日本の棚田百選**
>
> 　1999年に農林水産省が全国117市町村、134地区にある棚田を認定したもの。国土や環境の保全、日本古来の農業技術の保存、文化的な景観を守る活動が全国各地で行われている。なお、田植えや稲刈りなどの農業体験を行っているところもある。

テーマでみる世界遺産（文化的景観、戦争・紛争、危機遺産、負の遺産、地震）

アランフエスの文化的景観
Aranjuez Cultural Landscape

文化遺産　登録年 **2001年**　登録基準 **(ii)(iv)**

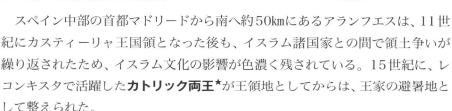

アランフエスの
文化的景観

フランス
大西洋　ポルトガル　マドリード　アンドラ
リスボン　スペイン　地中海
ラバト　モロッコ

❯ 王家の繁栄を伝える離宮

　スペイン中部の首都マドリードから南へ約50kmにあるアランフエスは、11世紀にカスティーリャ王国領となった後も、イスラム諸国家との間で領土争いが繰り返されたため、イスラム文化の影響が色濃く残されている。15世紀に、レコンキスタで活躍した**カトリック両王★**が王領地としてからは、王家の避暑地として整えられた。

　現在、アランフエスには15〜18世紀にカスティーリャ王や、続くスペイン王によってつくられ整備された離宮や多くの庭園が残る。**フェリペ2世**の命で16世紀に建設が始まった離宮は、マドリードのエル・エスコリアール修道院★と同じく、建築家フアン・デ・エレーラが設計を行い、18世紀にはフェルナンド6世、カルロス3世、イザベル2世といったフランス王家と同じブルボン家（スペイン・ブルボン家）の王たちがヴェルサイユ宮殿を模した宮殿に改修した。その後も火災のために改修と増築が繰り返され、現在みられるような美しい離宮となった。

　離宮には、部屋全体が陶磁器のタイルで覆われた「陶磁器の間」や、イスラム風の装飾が施された「アラブの間」など、美しい内装が残されている。

　また、タホ川の水を用いた「島の庭園」やアジア風の小屋が残る「王子の庭園」、世界から集めた植物が栽培された農園など、**周囲の自然と調和のとれた景観**も評価されている。

ヴェルサイユ宮殿を模したバロック様式の離宮

カトリック両王：ローマ教皇アレクサンデル6世によって、カスティーリャ女王イサベラ1世とアラゴン王フェルナンド2世に授けられた称号。　**エル・エスコリアール修道院**：P.137参照。

ポーランド共和国

ワルシャワの歴史地区
Historic Centre of Warsaw

文化遺産　登録年 1980年／2014年範囲変更　登録基準 (ii)(vi)

バルト海
ベルリン・
ドイツ
ポーランド
ワルシャワの
歴史地区
チェコ
スロバキア

▶ 廃墟から再建された歴史都市

　10世紀後半に国家統一を果たしたポーランドは、1611年に首都をワルシャワに定めた。しかし、外敵の侵入を遮るものがない平地に位置するポーランドは、他国の侵攻を受けやすく、プロイセン・オーストリア・ロシアの3国が行った**ポーランド分割**により、18世紀後半に国家は消滅した。

　第一次世界大戦後に独立を果たしたが、第二次世界大戦では**ナチス・ドイツ**の占領下に入った。ワルシャワ市民は1944年に蜂起したが、ナチス・ドイツの反撃によって鎮圧され、街は徹底的に破壊され、街の約85%が廃墟となった。

　第二次世界大戦後に再び独立を回復した後、人々は「**すべては未来のために**」を合言葉に復興を進めた。古い図面や写真のほか、18世紀後半の国王に仕えていたベルナルド・ベロットが描いた風景画を参考に、「壁のひび一本まで忠実に」復元していったため、戦争で破壊されるより前の昔のワルシャワの街並が再現された。街の顔であるワルシャワ旧王宮の再建が完全に終了したのは1984年のことである。世界遺産にはワルシャワの旧市街と新市街が登録されており、旧王宮や聖ヨハネ大聖堂など、中世のゴシック様式から19世紀の新古典主義に至る多彩な様式の建造物をみることができる。

英語で読んでみよう！

During World War II, more than 85% of the historic center of Warsaw was destroyed by Nazi troops★. After the war, the citizens of Warsaw were eager to★ rebuild the city, and many monuments from the middle Ages to the 19th century were restored.

歴史にリンク ▶ ポーランド分割

　1772年にプロイセン・オーストリア・ロシアが第1回分割、1793年にはフランス革命の混乱のなか、プロイセンとロシアが第2回分割を実行。コシューシコの抵抗運動もおよばず、1795年には3国による第3回分割が行われポーランド王国は消滅した。

テーマでみる世界遺産（文化的景観、戦争・紛争、危機遺産、負の遺産、地震）

再建されたワルシャワの街並

クロアチア共和国

🏛 ## ドゥブロヴニクの旧市街
Old City of Dubrovnik

[文化遺産] ▶ **登録年** 1979年／1994年範囲拡大／2018年範囲変更 **登録基準** (i)(iii)(iv)

❷ 内戦による破壊からの復興

　　ドゥブロヴニクはクロアチアの最南端に位置し、7世紀初頭から海上交易の重要拠点として発展した。13世紀に**共和制の自治都市**となってから、ビザンツ帝国、ヴェネツィア、ハンガリー、オスマン帝国と宗主国を変えながらも、自治を守ってきた。この都市では伝染病を防ぐために公衆衛生施設が早くから整えられ、ジェンナーの種痘法開発に先立つこと12年、1784年に全住民へ天然痘の予防接種が行われていたとされる。城壁に囲まれた旧市街と城壁外の歴史地区の一部が世界遺産に登録されており、高さ約25mの城壁が街の4つの砦を結んでいる。**ユーゴスラヴィア内戦**＊では建造物の7割近くが破壊され、1991年に危機遺産登録されたが、内戦終結後に市民の手で中世の街並を再現することに成功し、1998年に危機遺産リストから脱した。

「アドリア海の真珠」と称えられるドゥブロヴニク

troops：軍隊　**eager to～**：～を熱望する　**ユーゴスラヴィア内戦**：1991～1995年。ティトー大統領の死去と冷戦の終結を背景に、国内の民族対立が表面化して勃発。内戦の過程でユーゴスラヴィアは解体した。

危機遺産

❯危機遺産とは？

　世界遺産としての価値が、重大かつ明らかな危機に直面している場合、その遺産は「**危機にさらされている世界遺産リスト（危機遺産リスト）**」に記載される。そうした遺産は「危機遺産」と呼ばれる。世界遺産が直面する危機には、地震や津波などの自然災害のほか、密猟や外来種による生態系の悪化、宗教対立や民族紛争、戦争などがある。また、近年では過度の観光化や都市開発なども大きな危機となっている。世界遺産委員会は、危機遺産をリスト化することにより、危機的状況を公表して各国の協力をあおぎ、その危機を取り除くことをめざしている。

　2017年の世界遺産委員会では『ウィーンの歴史地区』が危機遺産リストに記載された。美しい眺望で有名なベルヴェデーレ宮殿から見渡せる範囲内に、ウィーン市が高さ60メートルを超す高層ビルの建設計画を進めたためである。ビルには巨大ホテルや高級住宅、企業のオフィスが入る予定で、企業や富裕層を呼び込み、地域経済を活性化したい狙いがある。一方で、ユネスコの世界遺産センターは、ビルの高さが街の景観を損ねるとして、ウィーン市に計画を見直

『ウィーンの歴史地区』にあるベルヴェデーレ宮殿からの眺望

テーマでみる世界遺産（文化的景観、戦争・紛争、危機遺産、負の遺産、地震）

すよう呼びかけてきた。しかし目立った改善がみられないため、「危機遺産リスト」への記載に踏み切った。この開発計画が今後どう進むのか、注目が集まっている。

◉ 危機遺産リストに記載されたら？

　世界遺産が危機遺産リストに記載されると、その遺産をもつ国は適切な保全計画を立てて実行する必要がある。また危機を脱した後も、状況調査を行い報告することが求められる。こうした作業を実施するために必要な資金や人材が不足している場合には、**世界遺産基金の活用**や、世界遺産センターなどの協力で財政的・技術的な支援が受けられる。危機を脱する道筋ができたと世界遺産委員会が判断すれば、危機遺産リストから外される。『ガラパゴス諸島』は、都市開発や外来種による生態系の破壊などの理由で2007年から危機遺産リストに記載されたが、2010年に脱した。

　日本の支援のもと危機遺産リストからの脱却を目指しているのが、アフガニスタンの『**バーミヤン渓谷の文化的景観と古代遺跡群**』である。この遺跡群には1〜13世紀ごろにかけて築かれた約1,000の石窟遺跡が残っている。地域の芸術や宗教がインドやギリシャ、ササン朝などの文化と融合して、ガンダーラ

バーミヤン渓谷の遺跡を修復する日本チーム（画像提供：東京文化財研究所）

美術へ変化する様がみて取れるため貴重だが、イスラム過激派組織の**タリバン政権**によって破壊された。2001年3月に有名な2体の磨崖仏が爆破されたほか、石窟内の壁画の約8割が失われた。爆破による仏龕（仏堂や位牌などを安置する厨子）の崩壊、壁画の劣化、盗難のおそれといった理由から、2003年に緊急的登録推薦で世界遺産登録と同時に危機遺産にも登録された。現在は修復作業が進められており、日本は中心的な役割を果たしている。

❯ 世界遺産リストから削除された遺産

世界遺産としての「普遍的価値」が損なわれたと判断された場合、世界遺産リストから削除される。2024年11月時点で3つの遺産が削除されている。

「**アラビアオリックスの保護地区**」は、オマーン政府が石油・ガス開発のため保護地区の約90%の削減を決定したため、危機遺産リストに記載されることなく2007年に世界遺産リストから削除された。またドイツの「**ドレスデン・エルベ渓谷**」は、エルベ川に橋を架ける計画が歴史的景観を損なうとして2006年に危機遺産リストに記載されたが、住民投票の結果、橋の建設が実行されたため2009年に削除されている。英国の「**リヴァプール海商都市**」は再開発が歴史的景観を損なったとして2021年に削除された。

ウォーターフロント開発で景観が悪化したリヴァプール

● 危機遺産リスト（2024年11月時点）

遺産名	国名	世界遺産登録年	危機遺産登録年	危機のおもな原因
エルサレムの旧市街とその城壁群	エルサレム（ヨルダン・ハシェミット王国による申請遺産）	1981	1982	エルサレム帰属を巡る紛争、巡礼者による観光被害など。
チャンチャンの考古地区	ペルー共和国	1986	1986	潮風や風雨によって、建材の日干しレンガが浸食されたため。
ニンバ山厳正自然保護区	ギニア共和国及びコートジボワール共和国	1981	1992	鉄鉱石の採掘計画による環境汚染への危惧、リベリアの内戦の影響によるため。
アイールとテネレの自然保護区群	ニジェール共和国	1991	1992	独立問題による治安の悪化、密猟や不法採掘、深刻化する土地の侵食。
ヴィルンガ国立公園	コンゴ民主共和国	1979	1994	ルワンダの内戦の影響で難民が流入し、樹木の伐採が進んだため。
ガランバ国立公園	コンゴ民主共和国	1980	1984 1996	密猟により、世界的に貴重なキタシロサイが減少したため。
カフジ・ビエガ国立公園	コンゴ民主共和国	1980	1997	周辺環境の悪化。
マノヴォ‐グンダ・サン・フローリス国立公園	中央アフリカ共和国	1988	1997	スーダンとチャドの紛争、密猟の横行、治安悪化。
オカピ野生動物保護区	コンゴ民主共和国	1996	1997	地域紛争の混乱に乗じた密猟の横行、金採掘による環境破壊。
ザビードの歴史地区	イエメン共和国	1993	2000	都市化により、伝統的な家屋が失われつつあるため。
聖都アブー・メナー	エジプト・アラブ共和国	1979	2001	干拓により地下水位が上昇し、遺跡崩壊の危機にさらされているため。
ジャームのミナレットと考古遺跡群	アフガニスタン・イスラム共和国	2002	2002	武力紛争による損傷と、河川からの浸水で遺跡水没の危機にあるため。
バーミヤン渓谷の文化的景観と古代遺跡群	アフガニスタン・イスラム共和国	2003	2003	仏像の崩壊や壁画の状態悪化、タリバン政権による石仏の破壊、盗掘によるため。
アッシュル（カラット・シェルカット）	イラク共和国	2003	2003	遺跡付近でダム建設計画が浮上し、浸水が危惧されているため。
コロとその港	ベネズエラ・ボリバル共和国	1993	2005	大洪水で歴史的な建造物に被害がおよび、周辺地域で景観を損ねる開発が進んだため。
コソボの中世建造物群	セルビア共和国	2004	2006	国内の政情不安、保護管理体制の欠如。
古代都市サーマッラー	イラク共和国	2007	2007	イラク国内の政情不安。
エヴァーグレーズ国立公園	アメリカ合衆国	1979	2010	水質汚染が改善されていないため。
アツィナナナの熱帯雨林	マダガスカル共和国	2007	2010	森林の不法伐採と密猟など。
リオ・プラタノ生物圏保存地域	ホンジュラス共和国	1982	2011	密猟と、麻薬の密輸による治安の悪化など。
スマトラの熱帯雨林遺産	インドネシア共和国	2004	2011	密猟や森林の違法伐採、道路建設など。

テーマでみる世界遺産（文化的景観、戦争・紛争、危機遺産、負の遺産、地震）

パナマのカリブ海側の要塞群：ポルトベロとサン・ロレンツォ	パナマ共和国	1980	2012	保全環境の悪化と都市開発の乱立。
伝説の都市トンブクトゥ	マリ共和国	1988	2012	武力衝突による保全状態の悪化。
アスキア墳墓	マリ共和国	2004	2012	武力衝突による保全状態の悪化。
ダマスカスの旧市街	シリア・アラブ共和国	1979	2013	2011年に始まったシリア内戦が悪化。
古代都市パルミラ	シリア・アラブ共和国	1980	2013	2011年に始まったシリア内戦が悪化。
隊商都市ボスラ	シリア・アラブ共和国	1980	2013	2011年に始まったシリア内戦が悪化。
アレッポの旧市街	シリア・アラブ共和国	1986	2013	2011年に始まったシリア内戦が悪化。
クラック・デ・シュヴァリエとカラット・サラーフ・アッディーン	シリア・アラブ共和国	2006	2013	2011年に始まったシリア内戦が悪化。
シリア北部の古代集落群	シリア・アラブ共和国	2011	2013	2011年に始まったシリア内戦が悪化。
東レンネル	ソロモン諸島	1998	2013	生態系に影響をおよぼすような森林伐採。
ポトシの市街	ボリビア多民族国	1987	2014	鉱山管理が不十分のため。
セルー動物保護区	タンザニア連合共和国	1982	2014	野生生物の密猟。
オリーヴとワインの土地―バッティールの丘：南エルサレムの文化的景観	パレスチナ国	2014	2014	構成資産に修復困難な損害が加えられたため。
サナアの旧市街	イエメン共和国	1986	2015	国内の武力紛争により被害を受けたため。
城壁都市シバーム	イエメン共和国	1982	2015	旧市街地が武力紛争の危機にさらされているため。
円形都市ハトラ	イラク共和国	1985	2015	ＩＳ（イスラム国）が占領し保護できない状態にあったため。
ジェンネの旧市街	マリ共和国	1988	2016	マリ北部紛争と政情の不安定さ。
シャフリサブズの歴史地区	ウズベキスタン共和国	2000	2016	観光開発による遺産への影響を懸念。
レプティス・マグナの考古遺跡	リビア	1982	2016	国内紛争による政情不安と遺産への被害。
サブラータの考古遺跡	リビア	1982	2016	国内紛争による政情不安と遺産への被害。
キレーネの考古遺跡	リビア	1982	2016	国内紛争による政情不安と遺産への被害。
タドラールト・アカークスの岩絵遺跡群	リビア	1985	2016	国内紛争による政情不安と遺産への被害。

テーマでみる世界遺産（文化的景観、戦争、紛争、危機遺産、負の遺産、地震）

ガダーミスの旧市街	リビア	1986	2016	国内紛争による政情不安と遺産への被害。
ナン・マトール：ミクロネシア東部の儀礼的中心地	ミクロネシア連邦	2016	2016	マングローブの成長に起因する遺産への被害。
ウィーンの歴史地区	オーストリア共和国	2001	2017	景観を壊す高層ビル建設のため。
ヘブロン：アル・ハリールの旧市街	パレスチナ国	2017	2017	違法行為や武力抗争による危険のため。
トゥルカナ湖国立公園群	ケニア共和国	1997	2018	隣国エチオピアでのダム開発のため。
カリフォルニア湾の島々と自然保護区群	メキシコ合衆国	2005	2019	密漁により絶滅危惧種のネズミイルカが激減しているため。
ロシア・モンタナの鉱山景観	ルーマニア	2021	2021	鉱山の採掘による遺跡の劣化が危惧されているため。
オデーサの歴史地区	ウクライナ	2023	2023	ロシアの侵攻により危機にさらされているため。
トリポリのラシード・カラーミー国際見本市会場	レバノン共和国	2023	2023	開発により危機にあるため。
マリブ：古代サバ王国の代表的遺跡群	イエメン共和国	2023	2023	紛争により破壊されるおそれがあるため。
キーウ：聖ソフィア聖堂と関連修道院群、キーウ・ペチェルーシク大修道院	ウクライナ	1990	2023	戦争により危機にさらされているため。
リヴィウ歴史地区	ウクライナ	1998	2023	戦争により危機にさらされているため。
聖ヒラリオン修道院／テル・ウンム・アメル	パレスチナ国	2024	2024	紛争により危機にさらされているため。

IS（イスラム国）によって破壊された『古代都市パルミラ』の遺跡

エルサレムの旧市街とその城壁群
Old City of Jerusalem and its Walls

文化遺産 ｜ 登録年 **1981年／1982年危機遺産登録** ｜ 登録基準 **(ii)(iii)(vi)** ▶

◉ ユダヤ教・キリスト教・イスラム教の聖地

　エルサレムは前1000年ごろ、古代イスラエル王国のダヴィデ王が首都に定め、ソロモン王が「十戒★」を納める神殿を建てたことから、聖地となった。今日でも、ユダヤ教とキリスト教、イスラム教の3つの宗教★にとって聖地となっている。

　ユダヤ教の聖地は「嘆きの壁」と呼ばれるもので、紀元前1世紀のヘロデ王の時代に築かれたエルサレム神殿の西側外壁の遺構である。故国をローマ軍によって破壊され、離散（ディアスポラ）を強いられたユダヤ人の祈りの情景からこの名がつけられた。キリスト教にとってこの地

嘆きの壁

は、イエス・キリストが磔にされ処刑された場所であり、その墓があるとされるゴルゴタの丘には「聖墳墓教会」が335年に建てられた。イスラム教の聖地は「岩のドーム」で、イスラム教創始者のムハンマドが大天使ジブリール（ガブリエル）に導かれて天界の旅に出たとされる聖なる岩を覆うため、7世紀末に築かれた祈念堂である。

　旧市街は宗教や人種によって4区画に分かれており、北東部の最も面積の広い地域がイスラム教徒、南西部がアルメニア人、北西部がキリスト教徒、南東部がユダヤ人の居住区となっている。

　聖地エルサレムは、その宗教的かつ歴史的な背景から、

聖墳墓教会

テーマでみる世界遺産（文化的景観、戦争・紛争、危機遺産、負の遺産、地震）

エルサレムの市街地。写真手前は城壁。写真中央は岩のドーム

領有権を巡ってたびたび宗教間の争いが起こった。638年にはイスラム軍が占領し、メッカとメディナに次ぐ第3の聖地とした。1099年にはキリスト教徒による聖地エルサレム奪還を目的とした第1回十字軍がイスラム教徒を撃破し、エルサレム王国を樹立。しかし、1187年にイスラム教の王朝であるアイユーブ朝のサラディンが奪還して以降、20世紀初頭までほぼイスラム教徒の支配下にあった。19世紀後半のシオニズム運動★を受けてユダヤ人の人口も増加し、1929年には「嘆きの壁」でユダヤ人とイスラム教徒が武力衝突する「嘆きの壁事件」が勃発。双方に100名を超える死者が出る事件となった。現在においても帰属問題は解決されておらず、1967年の第三次中東戦争以降はイスラエルが実効支配しているが、国際社会はそれを認めていない。

　紛争が続く情勢のため、隣国のヨルダンが世界遺産登録申請を行い、遺産保有国は実在しないエルサレムとなるなど、例外的な登録となっている。登録翌年には、急速な都市開発や巡礼者を含む観光客増加による被害、維持管理体制の不備などを理由として、危機遺産リストに記載された。すべての遺産の中で最も長い間、危機遺産リストに記載されており、対策が求められている。

🔖　英語で読んでみよう！　Jerusalem is the important holy site of three religions: Judaism, Christianity and Islam. Due not only to the Israeli-Palestinian conflict, but also city development and damage from tourism, Jerusalem has been inscribed on the List of World Heritage in Danger since 1982.

十戒：唯一神ヤハウェがモーセに与えたとされる啓示。　**3つの宗教**：この3つの宗教は、アブラハムの一神教を受け継ぐ、ルーツを同じくする宗教である。　**シオニズム運動**：イスラエルの地（パレスチナ）に故国を築こうとするユダヤ人の近代運動。

負の遺産

> ❯ 負の遺産とは？

　「**負の遺産**」とは、近現代に起こった戦争や人種差別など、人類が犯した過ちを記憶にとどめ教訓とするためのものである。**世界遺産条約で正式に定義されているものではない**。また通常、ほかの基準と合わせて用いられることが望ましいとされる**登録基準（vi）のみで登録されることがある**のも特徴である。

　「負の遺産」は大きく２つに分類される。１つ目は**戦争や紛争**にまつわるもの。日本の『広島平和記念碑（原爆ドーム）』やポーランドの『アウシュヴィッツ・ビルケナウ：ナチス・ドイツの強制絶滅収容所（1940-1945）』など第二次世界大戦に関係するもののほか、アフガニスタンの『バーミヤン渓谷の文化的景観と古代遺跡群』のように宗教対立や民族紛争などに関係するものもある。２つ目は**人種差別**にまつわるもの。奴隷貿易が行われていたセネガルの『ゴレ島』や、人種差別政策に関係する南アフリカの『ロベン島』などがそれにあたる。

　「負の遺産」は、世界遺産条約で正式に定義されているわけではないため、どの遺産が「負の遺産」に相当するのかは意見が分かれるものもある。しかし、過去の反人道的行為を反省し、現在でも様々な形で残る紛争や人種差別をなくすために、これらの「負の遺産」が発するメッセージは重要である。

原爆投下後の広島市の街並

テーマでみる世界遺産（文化的景観、戦争・紛争、危機遺産、負の遺産、地震）

ゴレ島
Island of Gorée

文化遺産　　登録年 ▶ 1978年　　登録基準 ▶ (vi)　▶

ゴレ島　モーリタニア
↓ダカール
セネガル
大西洋　マリ
ギニア
ガンビア
ギニアビサウ

❯ 奴隷貿易の歴史を物語る島

　首都ダカールの南東沖約３kmの位置にあるゴレ島は、アフリカの貿易の歴史を今に伝える重要な遺構である。大西洋奴隷貿易でアフリカから連れ出された黒人の数は、1,000〜2,000万人に及ぶとされる。ゴレ島は15〜19世紀の間、アフリカ沿岸部における**奴隷貿易の最大の拠点**だった。その歴史的重要性から、世界で最初の12の世界遺産の１つとして登録された。

　1444年、ポルトガル人が無人島だったゴレ島に初めて上陸した。アフリカ大陸に近く、天然の良港にも恵まれていたゴレ島は、戦略的・商業的に重要な拠点であった。そのため島の領有を巡っては、歴史上激しい争いが繰り広げられてきた。16世紀に入るとポルトガルに代わってオランダが支配した。その後も所有国はめまぐるしく変わった。

　ゴレ島は、17〜18世紀には奴隷を商品とした**三角貿易**の拠点となり、1815年の奴隷貿易廃止まで機能した。島の東海岸には、奴隷を収容した**奴隷の家**が

残っている。１階には船の出港を待つ奴隷たちが収容されていた。2.6ｍ四方の正方形の部屋に、20人ほどが鎖でつながれて詰め込まれていたとされる。この島に残る建造物からは、奴隷たちが置かれた過酷な状況と、奴隷商人たちの優雅な暮らしぶりの対比がみて取れる。

奴隷解放の像

歴史にリンク ▶ **三角貿易**

　アフリカで武器などと引き換えに奴隷を買い、その奴隷をアメリカ大陸・西インド諸島で売って砂糖やコーヒー、綿花などを入手し、ヨーロッパで販売するという貿易。イギリスやフランスなどに莫大な富をもたらした。

ロベン島
Robben Island

[文化遺産] [登録年 ▶ 1999年] [登録基準 ▶ (ⅲ)(ⅵ)]

地図: ナミビア、ジンバブエー、ボツワナ、プレトリア、南アフリカ共和国、スワジランド、レソト、ロベン島、大西洋

❯ 人種差別の歴史が刻まれた島

　ケープタウンの北約11kmの沖合にあるロベン島は、周囲の海流が激しく脱出が困難であったため、17世紀より流刑地として使われ始めた。1948年に南アフリカ共和国において**アパルトヘイト**が法制化されると、これに抵抗する**政治犯を収監する刑務所**として使用された。

　アパルトヘイトとは、南アフリカの公用語であるアフリカーンス語で「分離」を意味し、南アフリカでは少数派である白人を優遇するための政策を指す。具体的には、白人以外に参政権を認めない、自由な移動を制限する、人種別居住地域を設定するなどの政策を指す。

　この政策は国際社会から強い非難を浴び、南アフリカは国連などから経済制裁を受けた。国内でも激しい反対運動が行われ、アパルトヘイト政策が撤廃されるまでに、3,000人を超える黒人活動家などがロベン島に収監された。ノーベル平和賞を受賞した**ネルソン・マンデラ**も、政治犯として18年間投獄されていた。ネルソン・マンデラはその後、1994年に南アフリカ初の黒人大統領に選ばれ、民族間の融和などに尽力した。

　1991年にアパルトヘイトが撤廃されると、ロベン島もその役目を終えた。現在は、刑務所や聖堂が残され、島全体が博物館となっている。人種差別や人権抑圧の悲惨さ、またその苦難を乗り越えて自由と正義を取り戻した歴史を今に伝えるものとして、ロベン島は1999年に世界遺産に登録された。ICOMOSは事前勧告で登録に否定的な見方を示したが、当時、ユネスコ事務局長であり世界遺産委員会議長であった松浦晃一郎氏の提案もあり、登録基準(ⅵ)に加えて(ⅲ)を併記するなどの措置を取り、登録に至った。

ロベン島の収容所跡のゲート

1 2 3 4 5 6 7 8 テーマでみる世界遺産（文化的景観、戦争・紛争、危機遺産、負の遺産、地震）

8-5 地　震

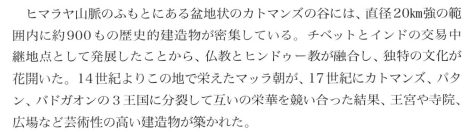

🏛 カトマンズの谷
Kathmandu Valley

文化遺産　｜ 登録年 1979年／2006年範囲変更 ｜ 登録基準 (iii)(iv)(vi)

❯ 仏教とヒンドゥー教が融合するヒマラヤの万華鏡

　ヒマラヤ山脈のふもとにある盆地状のカトマンズの谷には、直径20km強の範囲内に約900もの歴史的建造物が密集している。チベットとインドの交易中継地点として発展したことから、仏教とヒンドゥー教が融合し、独特の文化が花開いた。14世紀よりこの地で栄えたマッラ朝が、17世紀にカトマンズ、パタン、バドガオンの3王国に分裂して互いの栄華を競い合った結果、王宮や寺院、広場など芸術性の高い建造物が築かれた。

　世界遺産にはカトマンズ、パタン、バドガオンのほかに、スワヤンブ、バウダナート、パシュパティ、チャング・ナラヤンの合わせて7つのエリアが登録されている。

　カトマンズの**ダルバール広場★**には、20棟以上の寺院、僧侶や貴族の館がひしめき合う。工芸がさかんなパタンは「**ラリトプル**（美の都）」と呼ばれ、バドガオンは特徴的な木彫りの窓をもつ宮殿があることで知られる。スワヤンブには、カトマンズで最も古いストゥーパがあり、バウダナートにはネパール最大のストゥーパがある。またパシュパティにはヒンドゥー教寺院地区が、チャング・ナラヤンには伝統的なネワール★集落がある。

　人口増加や開発などが原因で、2003年から2007年まで危機遺産に登録されていた。また、これまでに何度も地震に見舞われており、その度に歴史的建造物が再建されてきた。2015年の**ネパール大地震**でも甚大な被害を受け、現在も修復が進められている。

ネパール最古の仏教寺院、スワヤンブナート

ダルバール広場：カトマンズ、パタン、バドガオンの3都市にそれぞれある王宮広場。　　**ネワール**：カトマンズ盆地に古くから暮らす先住民族。

探究学習の手引き

●探究学習とは何か

　探究学習は、自分の生活や生き方をよく考えながら自分で課題を設定し、その課題を解決するための情報を収集、整理、分析し、自分なりの意見や考えを自分の言葉でまとめて表現する。そこからさらに次の課題を発見して解決していく学びである。

●SDGsと探究学習

　SDGs（持続可能な開発目標）とは、経済的・環境的・社会的に持続的に成長することをめざす目標のこと（2015年の国連総会で採択）。17の目標と169のターゲットからなり、2030年までに到達をめざす将来像が示されている。その方法はそれぞれの国や自治体、企業、私たち一人ひとりに任されている。SDGsは、自分たちで考え、自分たちに合った方法やスピードで目標に近づいていくことができ、探究学習ともよく似ている。

●世界遺産と探究学習

　世界遺産は、世界政治、平和問題、気候変動、環境問題、観光、資源、災害復興、都市開発など、多くのテーマと関係しており、世界遺産を入り口にして様々なテーマについての探究学習ができる。

◆探究学習の事例

課題：白川郷（岐阜県）の集落の位置と災害リスクの関係性について

　白川郷には、どのような災害リスクが存在するのだろうか。白川郷は、日本有数の豪雪地帯であるとともに、月の平均雨量が180mmに達する多雨地域である。また、山間部に位置していることから土砂災害のリスクが高いのではないかと考えられる。

　まず、「白川村ハザードマップ」（白川村ホームページより）で情報収集を試みると、地図や避難所一覧だけではなく、過去の災害が写真入りで紹介されており、昭和51年9月と平成30年7月に大きな豪雨災害があったことが記されていた。

　次に、国土交通省の「わがまちハザードマップ」で白川郷の集落のある地域（中部エリア：右のQRコード）を調べてみた。この地域の土砂災害警戒区域には家屋がほとんどないことが読みとれる。しかし、地球温暖化などに起因する世界的な異 常気象を考えると、さらに大きな土砂災害が発生する可能性がある。これは、SDGsの目標11「住み続けられるまちづくりを」や13「気候変動に具体的な対策を」にも関連している。

世界の自然遺産

· · ·

世界の代表的な自然遺産は、かけがえのない
地球の歴史とその偉大さを伝えている。

Photo :『バイカル湖』(ロシア連邦)

9-1 地球の歴史

カナダ ....

カナディアン・ロッキー山脈国立公園群
Canadian Rocky Mountain Parks

[自然遺産]　登録年▶ **1984年／1990年範囲拡大**　登録基準▶ **(vii)(viii)** ▶

カナディアン・ロッキー山脈
国立公園群

カナダ

オタワ

アメリカ

ワシントンD.C.

● 氷河の浸食が生んだ峻峰

カナディアン・ロッキーは、ロッキー山脈のカナダ側2,200kmにわたる山岳地帯で、約6,000万年前の造山活動により誕生し、氷河の浸食を受けて現在の険しい姿となった。公園内には**ルイーズ湖**やペイトー湖などの氷河湖、北米最大の氷原であり、ジャスパー国立公園の中にある**コロンビア大氷原**など、様々な氷河地形が点在する。

モレーン湖とテンピークスと呼ばれる10の峰（バンフ国立公園）

低山から高山帯までの様々な植物が自生し、山麓の針葉樹林の森にはグリズリーやピューマ、山岳地帯ではシロイワヤギなどの希少な野生動物が生息する。また、ヨーホー国立公園内の**バージェス頁岩**★と呼ばれる地層からは、三葉虫やアノマロカリス、ハルキゲニアなどの5億年以上前の化石が多数発見され、カンブリア紀を中心とした古代生物の多様性を示すバージェス動物群を構成している。いずれも現生生物にはみられない特異な外観をもつ。

バンフ国立公園を含む、ジャスパー、ヨーホー、クートネーの4つの国立公園とロブソン山、アシニボイン山、ハンバーの3つの州立公園が制定され、そのすべてが世界遺産登録されている。

> [地理にリンク] **氷河地形……谷を流れる氷河の浸食で形成される**
>
> 寒冷地の高山では、万年雪が巨大なかたまりを形成して氷河となり、自らの重みで谷底や谷壁を浸食しながらゆっくりと流れ下る。その過程で、山頂ではホーン、山腹ではカール（圏谷）、氷河湖、U字谷、下流ではモレーンなどの氷河地形が形成される。

世界の自然遺産

1 2 3 4 5 6 7 8 9

スイス連邦

ユングフラウ-アレッチュのスイス・アルプス
Swiss Alps Jungfrau - Aletsch

[自然遺産] ｜ 登録年 2001年／2007年範囲拡大 ｜ 登録基準 (vii)(viii)(ix) ▶

フランス ／ ドイツ ／ オーストリア
・ベルン スイス
ユングフラウ-アレッチュ
のスイス・アルプス
イタリア

● ヨーロッパ最大級の氷河が横たわるアルプスの秘境

　ベルナー・アルプスと呼ばれるスイス南西部のアルプス山脈北部は、ユングフラウ、メンヒ、アイガーなど4,000m級の山々が連なり、約824kmにわたるエリアが世界遺産に登録されている。南北で異なる気候や標高差のため、ヨーロッパカラマツやトウヒ、ブナなど、高山帯から亜高山帯までの様々な植物が生育し、アルプス特有の動物相もみられる。これらの生態系は、氷河期の後に氷河が後退していく過程で、連続的にその時々の気候に適応しながらそれぞれの土地に形成されたものである。

　アルプスの山々が形成されたのは、4,000万〜2,000万年前のこと。アフリカ大陸プレートが北に向かって移動したために、圧縮された大地が少しずつ隆起（褶曲活動）した。その後氷河期を迎え、山肌は氷河の浸食によって切り立った絶壁となった。**アレッチュ氷河**は、全長23kmに及ぶアルプス最大の氷河であり、その周辺では**U字谷**や圏谷（カール）、モレーンなどの典型的な氷河地形を多くみることができる。近年、氷河の後退現象が報告されており、アルプスの氷河は年々縮小している。その原因は特定されていないが、**地球温暖化の影響**が指摘されている。

　また、アルプスの山々が織りなす景観は、登山・高山観光において多くの人々を魅了するとともに、古来芸術家たちにインスピレーションを与え、文学や美術の題材としてヨーロッパ文化に大きな役割を果たしてきた。

アレッチュ氷河

9
世界の自然遺産

バージェス頁岩：頁岩とは、堆積岩の一種。水中に堆積した泥が固まってできるため、生物の化石がみつかることが多い。1909年に発見されたバージェス頁岩は、古代海生生物の多様性を知る上で重要視されている。

火 山

アメリカ合衆国

ハワイ火山国立公園
Hawaii Volcanoes National Park

[自然遺産]

登録年 **1987年**　登録基準 **(viii)** ►

カナダ
太平洋　　アメリカ
ハワイ火山国立公園
メキシコ

❯ 火山の噴火がつくる特色ある地形

　ハワイ島南東部に位置するハワイ火山国立公園には、世界最大規模の活火山である**マウナ・ロア山**と、世界で最も活動的な火山のひとつ**キラウエア山**がある。プレートテクトニクス理論★によると太平洋プレートが北西に移動する過程で、地下のマントルからマグマが噴出する場所（**ホットスポット**）で火山が形成されたと考えられる。1916年にアメリカ政府によって国立公園に指定され、硫黄の蒸気など、火山地帯特有の光景が広がっている。

　標高差によって温度や降水量に違いが出るため、植生が熱帯雨林から砂漠、ツンドラなど20種類以上にわたる点も大きな特徴。ハワイ州の紋章であるハワイガンなどの鳥類をはじめとする、ハワイ固有種の動植物も生息している。

　マウナ・ロア山は、ハワイ語で「長い山」を意味する。地上部分の標高は4,000mを超え、海底から測ると1万m以上になる。溶岩が広範囲に薄く広がり、なだらかな斜面がつくられた。また、1984年までは数年に一度の頻度で噴火を繰り返してきた。キラウエア山は世界で最も活発な火山のひとつといわれており、1983年から今日に至るまで、プウ・オオ火口などでは断続的な噴火が観測されている。2018年にも大規模な噴火を起こした。この山の火口は、ハワイの人々から愛される火の女神ペレが住む地とされ、神聖な場所となっている。

　ハワイの火山は、噴火回数は多いが爆発規模は小さく溶岩の粘性が低いため、予測・観測しやすい。現在、キラウエア山の噴火はほぼ完全に予測が可能となっており、火口にあるハワイ火山観測所で観測が続けられている。

[地理にリンク] **地震・火山は、変動帯で起こりやすい**

地球表層面ではそれぞれのプレートが異なる方向に動き、プレートの境界は地震や火山活動が活発である。プレートの境界が陸上にあたる一帯を変動帯という。一方、変動帯から離れたプレート中心部は安定陸塊と呼ばれる。

キラウエア山のプウ・オオ火口

ロシア連邦

カムチャツカ火山群
Volcanoes of Kamchatka

自然遺産　**登録年** 1996年／2001年範囲拡大　**登録基準** (vii)(viii)(ix)(x)

ロシア
オホーツク海
カムチャツカ火山群
日本　太平洋

❯「火山の博物館」

　ユーラシア大陸の東端にあるカムチャツカ半島は、**環太平洋造山帯**に含まれる300以上の火山からなる火山地帯である。半島東側のベーリング海沿岸地区にある6つの火山群がシリアル・ノミネーション・サイトとして登録されている。また独自の生態系もみられ、自然遺産のすべての登録基準が認められている。

　太平洋プレートがオホーツクプレートにもぐり込み、マグマが噴出して形成されたとされ、玄武岩マグマを噴き出す**ストロンボリ式**や、割れ目から溶岩が流出するハワイ式など火山のタイプは多様で、「火山の博物館」とも呼ばれる。

　カムチャツカ半島の3,000
mを超える山には、活火山で
あっても氷河や氷帽がみら
れる。カムチャツカ半島は、
その険しく複雑な地形のた
め大陸から孤立しており、独
自の生態系が保たれている。

成層火山のオパラ火山

プレートテクトニクス理論：地球の表面は、十数枚の「プレート」という層に分かれ、それぞれが一定方向に移動しているという学説。

氷河とフィヨルド

1
2
3
4
5
6
7
8
9

世界の自然遺産

アルゼンチン共和国

ロス・グラシアレス国立公園
Los Glaciares National Park

[自然遺産]　登録年 **1981年**　登録基準 **(vii)(viii)** ▶

▶ 自然の宝庫の「2つの顔」

　アンデス山脈の南の端にあるロス・グラシアレス国立公園は、**氷河地帯**（「グラシアレス」はスペイン語で「氷河」という意味）と森林・草原（パンパ★）地帯からなる。47ある大型の氷河の中で最大のものは**ウプサラ氷河**で、氷河の先端はアルヘンティノ湖に注いでいる。また、最も動きが活発なペリト・モレノ氷河は、年間600〜800mも移動する。世界有数の規模を誇る巨大氷河地帯、希少動物が生息する森林・草原地帯という、貴重な自然環境の2つの側面が評価された。

　氷河地帯では、幻想的な青みがかった氷河がみられる。「青い氷河」の秘密は、氷にある。太平洋上の湿気を含んだ**偏西風★**がアンデス山脈にぶつかり大雪を降らせ、この雪が降り積もって巨大氷河を形成する。1年を通し降り続ける雪の重みで氷が圧縮され、空気が外に逃げるため、気泡が少なく透明度の高い氷河ができる。透明な氷は青い光だけを反射し、ほかの色を吸収するので、ロス・グラシアレスの氷河は青みがかってみえる。

　森林・草原地帯にはアンデスネコやピューマ、ゲマルジカなどこの地域に固有の哺乳類が生息しているほか、アンデスコンドルやダーウィンレアなどの希少な鳥類の繁殖地となっており豊かな生態系がみられる。

> 📖 **英語で読んでみよう！**　Los Glaciares National Park consists of two natural zones; one is a massive glacier and the other is forest and grassland which is home to various kinds of wildlife. Uppsala is the largest glacier and Perito Moreno is the most actively-moving glacier. Los Glaciares owes its name to the numerous glaciers.

地理にリンク **フィヨルドとリアス海岸**

　フィヨルドは氷河が削り出した谷によって形成されるのに対し、リアス海岸は起伏の大きい山地や谷が海に沈むことでつくられる。したがって、フィヨルドは寒い地域に多く、リアス海岸は険しい山地を背にしていることが多い。

ロス・グラシアレス国立公園の氷河地帯

ノルウェー王国 ·········

ノルウェー西部のフィヨルド、ガイランゲルフィヨルドとネーロイフィヨルド
West Norwegian Fjords-Geirangerfjord and Nærøyfjord

自然遺産 | 登録年 ▶ 2005年 | 登録基準 ▶ (vii)(viii) ▶

ノルウェー西部のフィヨルド、
ガイランゲルフィヨルドと
ネーロイフィヨルド

ノルウェー海 スウェーデン フィンランド
ノルウェー オスロ●

❯ 世界最大のフィヨルド

　スカンジナビア半島のノルウェー西岸に位置する全長500kmに及ぶ**フィヨルド**のうち、美しく雄大な景観で世界的に知られている**ガイランゲル**とネーロイのフィヨルドが世界遺産に登録されている。

　氷河はゆっくりと移動している。その動きは地形を削り、U字形の谷（U字谷（じこく））をつくり出す。そこに海水が浸入してできた地形をフィヨルドといい、複雑な形の海岸線を形成する。ガイランゲルフィヨルドの断崖は海底500〜地上1,400mまであり、その断崖には多数の滝が流れ出し、地球の歴史を感じさせる雄大な景観が広がる。「ガイランゲルに牧師（ぼくし）はいらない。フィヨルドが神の言葉を語るから」と称された。

　一方のネーロイフィヨルドは、山頂に氷河湖のあるなだらかな山に囲まれている。

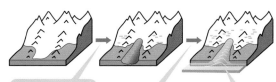

氷河の移動によって、地表が削りとられ、谷ができる。 | U字形の谷に海水が入り込む。 | 谷に多くの滝が流れ込む。

● **フィヨルドの形成**

·········

パンパ：アルゼンチンの首都ブエノスアイレスを中心に、半径約600kmの範囲に広がる草原。　　**偏西風**：中緯度地方でほぼ1年中、西から東に向かって吹きつける風。

9-4 滝

アルゼンチン共和国／ブラジル連邦共和国

イグアス国立公園
Iguazu National Park/Iguaçu National Park

自然遺産　登録年 1984年アルゼンチン／1986年ブラジル　登録基準 (vii)(x) ▶

❯ **イグアス川下流は275の滝が密集する地帯**

　アルゼンチンとブラジル国境にある**イグアス川**沿岸の広大な熱帯雨林に広がるイグアス国立公園には、イグアスの滝がある。全長1,200kmのイグアス川がパラナ川との合流地点手前で屈曲し、切り立った崖に大小275の滝が集まる。それらを総称して「イグアスの滝」と呼ぶ。イグアス国立公園は、アルゼンチン側とブラジル側が**それぞれ別の世界遺産として登録**されている。

　全体の幅は2,700m以上、最大落差は80m。イグアスは現地の言葉で「巨大な水」の意味で、雨季には毎秒6万5,000tもの水が落下する世界最大の水量を誇る瀑布である。最奥部には、そのごう音から「**ガルガンタ・デル・ディアブロ（悪魔ののど笛）**」と呼ばれる滝も流れる。

　滝つぼから上がる水しぶきは、希少な動植物の命の源となってきた。一帯の熱帯雨林には湿気を好むシダ類をはじめとする2,000種以上の珍しい植物、数百種のチョウや約400種もの鳥類や動物が生息している。かつて、1999〜2001年までブラジル側が危機遺産リストに記載されていた。

川底の浸食により現在の位置に後退したイグアスの滝（アルゼンチン側）

地理にリンク　**雨季と乾季の違いが明瞭……サバナ気候**

　サバナ気候は、熱帯雨林気候を囲むように分布している気候帯で、おもにアフリカ大陸中央部や南アメリカ大陸に広がっている。雨季と乾季の違いがはっきりしている。乾燥に強い樹木がまばらに生えた、サバナと呼ばれる草原が広がっている。

世界の自然遺産

ヴィクトリアの滝 (モシ・オ・トゥニャ)
Mosi-oa-Tunya/Victoria Falls

自然遺産　登録年 1989年　登録基準 (vii)(viii) ▶

アンゴラ
ザンビア　ルサカ　マラウイ　モザンビーク
ハラレ
ヴィクトリアの滝
ナミビア　ジンバブエ
ボツワナ

◯ サバナに轟く広大な滝

　ヴィクトリアの滝は、ザンビアとジンバブエの国境地帯、ザンベジ川中流域にあり、『イグアスの滝』(アルゼンチン/ブラジル)、ナイアガラの滝★(アメリカ合衆国/カナダ)と並ぶ世界三大瀑布のひとつ。ザンベジ川の水の重さで台地に亀裂が生じ、そこから落下した水によって大瀑布が形成された。以来、水流が川底を浸食し続け、現在の滝の位置は当初より約80kmも上流に移動した。

　19世紀イギリス人探検家リヴィングストンが、母国の女王にちなみ「ヴィクトリアの滝」と命名したが、現地の人々の間では「モシ・オ・トゥニャ(ごう音を響かせる水煙)」と呼ばれていた。その名の通り、雨季の増水期には、幅約2km、最大落差108mの滝を毎分50万tの水が落下し、巨大なカーテン状となり水煙をあげる。立ち上る水煙はジンバブエ側でおよそ50km離れた地点からもみえるという。一方で乾季には、毎分約1万tまで水量が減少することもある。

　一帯は滝の水煙に潤され、雨季と乾季を繰り返すサバナ気候に属するにもかかわらず、400種類以上の植物が生息する。滝周辺の森林にはシダやツル植物が多い。水と豊かな植物を求めてカバの群れや鳥類、ジンバブエの国獣であるウシ科のセーブルアンテロープなどの動物が暮らす一方、滝が魚の移動を遮るため、滝の上流や中流で全く異なる種類の魚が確認されている。

　滝周辺では観光地開発が懸念されており、保護・保全が求められている。

約50km離れた場所からも水煙がみえるというヴィクトリアの滝

9
世界の自然遺産

ナイアガラの滝：アメリカとカナダの国境にある巨大な滝。世界三大瀑布のうち唯一世界遺産に登録されていない。

グレート・バリア・リーフ
Great Barrier Reef

自然遺産 　登録年 **1981年**　登録基準 **(vii)(viii)(ix)(x)**

❯ 世界最大のサンゴ礁

　オーストラリア北東部の海岸沿いに全長約2,300km、面積約35万km²にわたって広がる**世界最大規模のサンゴ礁**★。約1,800万年前から長い時間をかけて形成されたと考えられており、海面上昇により陸地とサンゴ礁が少しずつ海面下に入り切り離された「堡礁」に分類される。範囲内には2,500に及ぶ大小様々なサンゴ礁があり、小さな砂地から標高1,100mにそびえ立つものまで約900の島が浮かぶ。また、約400種のサンゴのほか、1,500種以上の魚類や海生哺乳類、爬虫類など、多様な生物が生息している。**ジュゴン**やアオウミガメといった絶滅危惧種に加え、少なくとも30種類を超えるクジラやイルカがみられるなど豊かな生態系を誇る。こうした生態系が維持されているのは、サンゴ礁が外敵から守っているためである。

　一帯はアボリジニの漁場となっていたが、1770年にジェームズ・クック（キャプテン・クック）が近海を航海中にこの地で座礁。それがきっかけとなり世界的に知られるようになった。

地理にリンク　**豊かな生態系を育む……サンゴ礁**

　サンゴ礁は亜熱帯や熱帯の温かく浅い海に生息するサンゴ（造礁サンゴ）が長い時間をかけ、石灰質の骨格を積み重ねてできる地形。魚介類などの良い生息地となり、生物の多様性を支えている。陸地や島を取り巻くようにサンゴが発達した「裾礁」、海面上昇により海面下に入ったサンゴが陸地から離れて縦に伸びた「堡礁」、サンゴ礁のみが残った「環礁」に分類される。また、サンゴ礁によって外海から隔てられた海域はラグーンという。

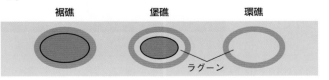

裾礁　　　　　堡礁　　　　　環礁

ラグーン

「グレート・バリア・リーフ」の名前は、イギリスの探検家マシュー・フリンダーズが1802年に命名した。

近年ではオニヒトデの異常繁殖や、**地球温暖化によるサンゴの白化現象★**、沿岸の港湾工事や工事による土砂の流出などの理由でサンゴが大幅に減少しており、危機遺産リスト入りも検討された。現在は、グレート・バリア・リーフ海洋公園管理局を中心に対策がとられている。

美しいサンゴ礁が広がる

ロシア連邦

バイカル湖
Lake Baikal

[自然遺産]　[登録年] **1996年**　[登録基準] **(vii)(viii)(ix)(x)**

ロシア
バイカル湖
ウランバートル・
モンゴル
カザフスタン　中国　北京

● 古さ・深さ・透明度で世界一の湖

シベリア南東部にあるバイカル湖は、地殻変動で形成された構造湖★で、**世界最古かつ最深の湖**。淡水湖としては世界最大の貯水量を誇る。湖の集水域は岩石で覆われており、流入する水には化学成分やミネラル分が少ないため、透明度が非常に高い。多様な水生動物が見られ、生息する1,500種以上のうち約8割が固有種である。淡水に生息する唯一のアザラシ、**バイカルアザラシ**も見られる。

一年のうち、半年は氷結しているバイカル湖

サンゴ礁：石灰質の骨格をもったサンゴという生物がつくり出す地形。これらサンゴは刺胞動物（イソギンチャクなど）の仲間に属している。　**白化現象**：サンゴと共生関係にある藻類が、海水温の変化などによってサンゴから離れることで、サンゴの白い骨格が見えるようになる現象。藻類がいなくなったサンゴは死滅することが多い。　**構造湖**：地殻の断層運動によって生まれた湖。日本では琵琶湖など。

生物多様性

タンザニア連合共和国

ンゴロンゴロ自然保護区
Ngorongoro Conservation Area

複合遺産　　登録年 ▶ 1979年／2010年範囲拡大　　登録基準 ▶ (iv)(vii)(viii)(ix)(x)

❯ 多様な動物が生息する世界最大級のカルデラ

　様々な動物が生息するタンザニア北部のンゴロンゴロ自然保護区は、「世界の動物園」とも称される豊かな生態系を誇る大草原である。火山の噴火によってできた**世界最大級のカルデラ「ンゴロンゴロ・クレーター」**は、標高の高い外輪山★に囲まれており、その面積は300㎢に及ぶ。約25,000頭の大型有蹄類が生息し、ライオンなど肉食哺乳類の生息密度もアフリカで最も高い。クロサイやリカオン、アフリカゴールデンキャットといった絶滅危惧種も生息している。

　クレーター内の**オルドゥヴァイ渓谷**では、アウストラロピテクスの化石がいくつも発見されたほか、現生人類の化石もホモ・サピエンスに至るまで多く発掘されており、渓谷近くのラエトリで発見された猿人の足跡の化石とともに人類の歩みを知る手がかりとして注目されている。2010年には、こうした人類の進化を証明する文化遺産の価値が認められ、複合遺産となった。

　ンゴロンゴロの一帯は、古くから**マサイ族**が放牧生活を送りながら生活していた。1951年、タンザニアを統治していたイギリス政府が、ンゴロンゴロ地区と隣接するセレンゲティ平原をひとつの国立公園『セレンゲティ国立公園★』として保護することを決めたが、この決定がマサイ族の狩猟・放牧権を奪うこととなった。マサイ族からの抗議を受け、ンゴロンゴロ地区は自然保護区として国立公園から分離された。今日では40,000人を超えるマサイ族がンゴロンゴロ自然保護区内で暮らし、牧畜のほか密猟者の監視を行っている。

地理にリンク　**火山活動が生んだカルデラ**

　火山の噴火などによってできた巨大な凹地をカルデラという。「鍋」を意味するスペイン語に由来し、火山の火口や火山地域の盆地地形なども含まれる。カルデラの凹地に水が入りできた湖は「カルデラ湖」と呼ばれ、『イエローストーン国立公園』のイエローストーン・レイクなどがそれに当たる。

野生動物の宝庫で「世界の動物園」とも呼ばれる

ブラジル連邦共和国

中央アマゾン自然保護区群
Central Amazon Conservation Complex

[自然遺産]　登録年 2000年 / 2003年範囲拡大　登録基準 (ix)(x)

● アマゾン川流域に広がる多様な生物の宝庫

　ブラジル北西部に位置する6万km²以上の広さをもつアマゾン川流域最大の自然保護区群。ジャウー国立公園と2003年に追加された3つの自然保護区で構成されている。

　雨季の増水時に水につかってしまう浸水林「**バルゼア**」が生み出す生態系や、常に水につかっている湿地林「**イガポー**」、乾燥地の森林、湖沼や複雑な水流など多様な自然が特徴で、アマゾンでみられる生態系のほとんどが含まれる、豊かな生物多様性を誇る地域である。オオカワウソやアマゾンマナティーなどの哺乳類のほか、体長3m以上にもなるピラルクーなどの魚類、ブラックカイマンなどの爬虫類など、絶滅危惧種を含む多くの生物が生息している。

アマゾン川の熱帯雨林

外輪山：カルデラの縁にあたる尾根の部分。　**セレンゲティ国立公園**：この国立公園も別の世界遺産として登録されている。
P.027参照。

177

中華人民共和国

四川省のジャイアントパンダ保護区群
Sichuan Giant Panda Sanctuaries - Wolong, Mt Siguniang and Jiajin Mountains

自然遺産　　登録年 **2006年**　登録基準 **(x)** ▶

❯ **貴重なジャイアントパンダが暮らす緑豊かな森**

　中国南西部に位置する『四川省のジャイアントパンダ保護区群』は、7つの自然保護区と9つの自然公園を合わせた総面積9,245km²の広大なエリアに広がる。現在、この保護区群には中国全土のジャイアントパンダの3割以上が生息している。一帯の山岳地帯は、新生代古第三紀の原始熱帯雨林の植生が残るとされ、ジャイアントパンダ1頭が1日に10kg以上も食べるという主食の竹が豊富に自生するほか、マグノリアやラン、シャクナゲなどを含む5,000～6,000種の植物が生育する植物学的にも希少な地域である。ジャイアントパンダ以外にも、**レッサーパンダ**やユキヒョウ、ウンピョウなど、固有種や絶滅危惧種を含む109種の哺乳類や365種の鳥類が生息している。

中国名を「小熊猫」というレッサーパンダ

　中国名を「大熊猫」というクマ科のジャイアントパンダは、300万年前には今とほとんど同じ姿をしていたことが発見された化石からわかっている。19世紀以降、中国では人口増加にともなう開発が進みジャイアントパンダの生息地が脅かされるようになった他、毛皮を目的とする密猟によりジャイアントパンダの個体数は激減した。また、ジャイアントパンダは繁殖率が低いため、一度減ってしまうと個体数を回復することが難しい。そのため、1984年には「**絶滅のおそれのある野生動植物の種の国際取引に関する条約（ワシントン条約）**」に

生物にリンク　**絶滅危惧種とレッドリスト**

　絶滅のおそれのある生物を「絶滅危惧種」、その種を記載したリストを「レッドリスト」という。IUCNによって1964年に創設され、2024年11月時点で163,000種以上が掲載されている。日本の環境省は国内の生態系を調査し、独自のレッドリストを公表している。

より商業目的での取引が禁止され、1996年にはIUCNの**レッドリスト**に絶滅危惧種として記載された。

中国政府は1980年に臥龍自然保護区内にジャイアントパンダの保護研究活動の拠点となる「ジャイアント

中国では「国宝」ともいわれるジャイアントパンダ

パンダ保護研究センター」を設立し、ジャイアントパンダの人工繁殖を行うほか、日本を含む海外の動物園と連携して飼育・繁殖に関する共同研究を行っている。

世界規模での保護活動★や中国政府の取り組みにより、ジャイアントパンダの個体数の増加と生息域の拡大が見られるため、2016年からレッドリストでは、絶滅危惧種から危機レベルが1段階低い危急種に改められた。

`危機遺産` `コンゴ民主共和国`

ヴィルンガ国立公園
Virunga National Park

`自然遺産` 登録年 **1979年／1994年危機遺産登録** 登録基準 (vii)(viii)(x)

❷ マウンテンゴリラの貴重な生息地

コンゴ民主共和国の北東部、ルワンダとウガンダの国境付近に位置するアフリカ最古の国立公園。絶滅危惧種である**マウンテンゴリラ**の保護を目的に1925年に設立された。広大な敷地内には、万年雪を頂くルウェンゾリ山地や、熱帯雨林、アフリカで最も活発な火山群など多様な自然がみられる。全世界のマウンテンゴリラの半数近くが生息し、ゴリラの保護施設を備えている。公園中央に位置する**エドワード湖**にはカバが多く生息していたが、ルワンダの内戦による環境悪化や密猟などの影響でゴリラやカバの個体数が激減し、1994年に危機遺産に登録された。

絶滅の危機にあるマウンテンゴリラ

世界規模での保護活動：絶滅のおそれのある野生生物の保護活動に取り組む環境保護団体WWF（世界自然保護基金）は、1961年の設立当初から自然を守るシンボルとしてジャイアントパンダをロゴマークに採用し、数十年にわたって保護活動に取り組んでいる。

索 引

※遺産名（太字）と本文中の赤字を掲載しています。

『マチュ・ピチュ』

183

カナディアン・
ロッキー山脈国立公園群
（カナダ）

グランド・キャニオン国立公園
（アメリカ）

メキシコ・シティの歴史地区
とソチミルコ（メキシコ）

ハワイ火山国立公園
（アメリカ）

ラパ・ニュイ国立公園
（チリ）

自由の女神像
（アメリカ）

チチェン・
イツァの
古代都市
（メキシコ）

中央アマゾン
自然保護区群
（ブラジル）

ブラジリア
（ブラジル）

コパンのマヤ遺跡
（ホンジュラス）

ガラパゴス諸島
（エクアドル）

マチュ・ピチュ
（ペルー）

ポトシの市街
（ボリビア）

イグアス国立公園
（アルゼンチン／
ブラジル）

ロス・グラシアレス国立公園
（アルゼンチン）

アフリカ・中近東　Africa, Near & Middle East

❶ ゴレ島（セネガル）
❷ 伝説の都市トンブクトゥ（マリ）
❸ メンフィスのピラミッド地帯（エジプト）
❹ ヌビアの遺跡群：アブ・シンベルからフィラエまで（エジプト）
❺ アワッシュ川下流域（エチオピア）
❻ ラリベラの岩の聖堂群（エチオピア）
❼ セレンゲティ国立公園（タンザニア）
❽ ンゴロンゴロ自然保護区（タンザニア）
❾ ヴィクトリアの滝［モシ・オ・トゥニャ］（ザンビア／ジンバブエ）
❿ ヴィルンガ国立公園（コンゴ民主共和国）
⓫ 大ジンバブエ遺跡（ジンバブエ）
⓬ ロベン島（南アフリカ）
⓭ エルサレムの旧市街とその城壁群（エルサレム）
⓮ バビロン（イラク共和国）

毎年開催される世界遺産委員会の結果や日本から推薦される遺産などの最新情報、書籍の訂正情報などは、世界遺産検定公式ホームページ（www.sekaken.jp）内、公式教材のページに掲載してあります。

バイカル湖
（ロシア）

グレート・ブルカン・カルドゥン山と
周辺の聖なる景観（モンゴル）

カムチャツカ火山群
（ロシア）

スコータイと周辺の歴史地区
（タイ）

フィリピンのコルディリェーラ
の棚田群（フィリピン）

フエの歴史的建造物群（ベトナム）

メラカとジョージ・タウン：
マラッカ海峡の歴史都市（マレーシア）

ボロブドゥールの仏教寺院群
（インドネシア）

グレート・バリア・
リーフ（オーストラリア）

シドニーの
オペラハウス
（オーストラリア）

トンガリロ国立公園
（ニュージーランド）

タスマニア原生地帯
（オーストラリア）

中国、朝鮮半島 China, Korean Peninsula

❶ 敦煌の莫高窟（中国）
❷ ラサのポタラ宮歴史地区（中国）
❸ 四川省のジャイアントパンダ
　保護区群（中国）
❹ 始皇帝陵と兵馬俑坑（中国）
❺ 万里の長城（中国）
❻ 北京と瀋陽の故宮（中国）
❼ 曲阜の孔廟、孔林、
　孔府（中国）
❽ 高句麗古墳群（北朝鮮）
❾ 高敞、和順、江華の
　支石墓跡（韓国）
❿ 『八萬大蔵経』版木
　所蔵の海印寺（韓国）

⑳ アウシュヴィッツ・ビルケナウ：
　ナチス・ドイツの強制絶滅収容所（1940-1945）
　（ポーランド）
㉑ ユングフラウ-アレッチュのスイス・アルプス（スイス）
㉒ ウィーンの歴史地区（オーストリア）
㉒ シェーンブルン宮殿と庭園（オーストリア）
㉓ ピサのドゥオーモ広場（イタリア）
㉔ フィレンツェの歴史地区（イタリア）
㉕ ヴェネツィアとその潟（イタリア）

㉖ ヴァティカン市国（ヴァティカン）
㉖ ローマの歴史地区と教皇領、サン・パオロ・
　フォーリ・レ・ムーラ聖堂（イタリア／ヴァティカン）
㉗ カステル・デル・モンテ（イタリア）
㉘ アルベロベッロのトゥルッリ（イタリア）
㉙ ドゥブロヴニクの旧市街（クロアチア）
㉚ アテネのアクロポリス（ギリシャ）
㉛ デロス島（ギリシャ）

サンクト・ペテルブルクの歴史地区と
関連建造物群（ロシア）

モスクワのクレムリンと赤の広場
（ロシア）

シルク・ロード：
長安から天山回廊の交易網
（カザフスタン／キルギス／中国）

イスタンブルの歴史地区
（トルコ）

カトマンズの谷
（ネパール）

ギョベクリ・
テペ（トルコ）

サガルマータ
国立公園
（ネパール）

イスファハーンの
イマーム広場
（イラン）

ペルセポリス
（イラン）

文化交差路
サマルカンド
（ウズベキスタン）

アンコールの遺跡群
（カンボジア）

タージ・マハル（インド）

ゴアの聖堂と修道院
（インド）

アジャンターの石窟寺院群
（インド）

ウルル、カタ・ジュタ国立公園
（オーストラリア）

きほんを学ぶ
世界遺産100
世界遺産検定3級公式テキスト

2023年3月19日　4版第1刷発行
2024年11月20日　4版第3刷発行

監修
NPO法人 世界遺産アカデミー

著作者
世界遺産検定事務局

編集
二見咲穂
宮澤光

編集協力
山本悟（株式会社 エディット）
小林麻子（株式会社 エディット）
倉田三季代（株式会社 エディット）
小島文斗（株式会社 エディット）

執筆協力
水田博之（元比叡山高等学校副校長）
宮澤光（世界遺産の基礎知識）
平田前子、吉沢良子、大澤暁、二見咲穂

発行者
松浦晃一郎（NPO法人 世界遺産アカデミー会長）

発行所
NPO法人 世界遺産アカデミー／世界遺産検定事務局
〒101-0003
東京都千代田区一ツ橋2-6-3　一ツ橋ビル2F
TEL：0120-804-302
電子メール：sekaken@wha.or.jp

発売元
株式会社 マイナビ出版
〒101-0003
東京都千代田区一ツ橋2-6-3　一ツ橋ビル2F
TEL：0480-38-6872（注文専用ダイヤル）
TEL：03-3556-2731（販売）
URL：https://book.mynavi.jp

アートディレクション
原大輔（SLOW.inc）

装丁・デザイン
金岡直樹（SLOW.inc）

DTP
横地佑佳（株式会社 千里）

印刷・製本
TOPPANクロレ 株式会社

写真協力
大木卓也、オーストリア政府観光局、鹿児島県、韓国観光公社、小泉澄夫、（公社）全国社寺等屋根工事技術保存会、島根県教育庁、スカンジナビア政府観光局、スペイン政府観光局、東京文化財研究所、富井義夫、広田麻季、毎日新聞社、三澤和子、宮澤光、宮森庸輔、山中直子

Fotolia（diak、openlens、Ponchy、Katja Xenikis、Andrea Izzotti、david hughes）、iStock（chistophe_cerisier、dinosmichail、sborisov、Hanis、Thomas Saupe、africa924、pierivb、Rawpixel、Fotografemocji、spastonov、ZU_09、bmvdwest）、Visit Brasil